외식 창업자를 위한 주방장의

노하우
비법노트

II. 고기류외편

Foreign Copyright:
Joonwon Lee
Address: 10, Simhaksan-ro, Seopae-dong, Paju-si, Kyunggi-do,
          Korea
Telephone: 82-2-3142-4151
E-mail: jwlee@cyber.co.kr

외식 창업자를 위한 주방장의

Ⅱ. 고기류외편

2014. 5. 5. 1판 1쇄 발행
2019. 7. 12. 1판 2쇄 발행

검
인

지은이 │ 장형심
펴낸이 │ 이종춘
펴낸곳 │ BM (주)도서출판 성안당
주소 │ 04032 서울시 마포구 양화로 127 첨단빌딩 3층(출판기획 R&D 센터)
        10881 경기도 파주시 문발로 112 출판문화정보산업단지(제작 및 물류)
전화 │ 02) 3142-0036
        031) 950-6300
팩스 │ 031) 955-0510
등록 │ 1973. 2. 1. 제406-2005-000046호
출판사 홈페이지 │ www.cyber.co.kr
ISBN │ 978-89-315-8819-4 (13590)
        978-89-315-7714-5 (세트)
정가 │ 28,000원

이 책을 만든 사람들
기획 │ 최옥현
사진 │ 스튜디오 외식과 창업 김현기, 스탭 김두현
교정 │ 이용화
본문 · 표지 디자인 │ 상:想 company
홍보 │ 김계향
국제부 │ 이선민, 조혜란, 김혜숙
마케팅 │ 구본철, 차정욱, 나진호, 이동후, 강호묵
제작 │ 김유석

■ 도서 A/S 안내

성안당에서 발행하는 모든 도서는 저자와 출판사, 그리고 독자가 함께 만들어 나갑니다.
좋은 책을 펴내기 위해 많은 노력을 기울이고 있습니다. 혹시라도 내용상의 오류나 오탈자 등이
발견되면 **"좋은 책은 나라의 보배"**로서 우리 모두가 함께 만들어 간다는 마음으로 연락주시기
바랍니다. 수정 보완하여 더 나은 책이 되도록 최선을 다하겠습니다.
성안당은 늘 독자 여러분들의 소중한 의견을 기다리고 있습니다. 좋은 의견을 보내주시는 분께는
성안당 쇼핑몰의 포인트(3,000포인트)를 적립해 드립니다.
잘못 만들어진 책이나 부록 등이 파손된 경우에는 교환해 드립니다.

외식 창업자를 위한 주방장의

노하우
비법노트

II. 고기류외편

BM 성안당

추천사

명품 음식점을 만들기 위한 조건

노하우 비법 노트 교재는 창업자가 필수적으로 읽고 외워야 하는 필독서로 성공적인 창업을 원하신다면 꼭 준비하세요!
특히 장형심 원장님은 조리기능장과 메뉴 개발 분야 최고의 권위자로 많은 외식업을 성공적으로 컨설팅하는 전문가이기도 합니다.

성공한 식당들은 과거의 흐름에서 얻은 교훈을 바탕으로 현재를 일궈 내는 능력이 대부분 탁월합니다. 21세기에 외식 사업으로 성공하려면 미래의 변화 추이를 예측하고 철저하게 준비해야만 합니다.
과거와 현재 그리고 미래에 성공을 했거나 할 식당들의 핵심적인 성공 요소들은 각각 다를 것입니다. 성공적인 경영은 구성원과 조직이 현재의 트렌드를 제대로 읽고 또 그에 따른 정교한 지식들을 얼마만큼 습득하고 있는가에 달려 있습니다. 이 책에서는 트렌드를 읽는 경영이 얼마나 소중하고 피할 수 없는 대세인가를 일목요연하게 꼬집어 들어가고 있습니다. 더불어 외식 경영자에게 그런 마인드를 갖도록 경각심을 더욱 불러일으켜 줄 것입니다.
현재 외식 업계는 빈사 상태에 놓여 있습니다. 치열한 경쟁, 대기업의 참여, 요동치는 경제, 소비자 욕구의 다양함 등으로 나날이 어려워지고 있습니다.
최근 통계에 따르면 자영업자 신고 업체 중 1년 내에 문을 닫는 업소가 25% 정도 된다고 합니다. 업종별로 살펴보면 이들 중 85%가 외식 업소들이라고 합니다. 그 이유는 경영 능력 부족, 경기 불황, 과열 경쟁, 대형 업체 출현 등으로 해석되고 있습니다. 우리 나라의 외식 사업은 현재 혼돈기입니다. 그동안 양적 팽창을 위주로 성장해 온 데 따른 부산물입니다. 생존 경쟁이 뒤따르면서 혼탁한 질서가 만연되고 있기도 합니다. 선진의 인구 통계학적 공식으로 보면 우리 나라 음식점의 적당한 수는 현재 70여 만 업소 중 대략 70% 정도 선입니다.
현재 영업하고 있는 외식 업체 중 제대로 경영 성과를 올려 돈을 버는 비율은 10% 정도에 불과하고, 40~50% 정도는 현상 유지를, 나머지는 업종 전환 또는 폐업하는 것을 고려하고 있다고 합니다. 또 최근 3년 동안 창업 업소 수와 폐업 업소 수의 통계 자료를 보면 전자는 총 20만 개가 조금 넘고, 후자는 17만 개 정도라고 합니다. 이는 신규로 오픈하는 수는 줄고 기존의 식당들은 문을 계속 닫고 있다는 반증입니다. 살아남은 식당들도 어려운 경영이 지속될 것으로 전망됩니다. 높은 인건비, 높은 재료비, 높은 임대료, 높은 세금, 높은 카드 수수료, 유가 상승으로 인한 높은 광열비 등을 감안하면 풀어야 할 과제가 한두 가지가 아닙니다.

우리는 흔히 주변에서 장사가 잘 되는 음식점을 두고 "그 음식점 대박 났어!"라고 말합니다. 대박집과 쪽박집의 차이는 과연 어디에 있을까요? 돼지고기를 재료로 장사하는 업소를 예를 들어 보면, 돼지갈비하면 사용하는 재료는 별 차이가 없을 것입니다. 그러나 운영하는 정도에 따라 성공과 실패의 명암은 명확하게 갈립니다. 과연 대박집은 '어떻게 운영하길래, 그리고 그 성공의 비결은 무엇일까'하고 생각해 보게 됩니다.

필자는 13년 동안 프라자 호텔에서 조리사 생활을 하면서 직접 접촉한 고객들을 상대로 일일이 고객 일지를 써 본 적이 있습니다. 고객들이 선호하는 음식과 메뉴를 기록해 두기 위해서였습니다. 이 기록 과정에서 아주 중요한 사실을 발견했습니다. 문제가 있거나 해결해야 하는 사안들이 발견될 때마다 정답은 항상 고객이 가르쳐 주곤 한다는 것입니다. 따라서 이처럼 훌륭한 정보를 주고 대안을 마련해 주는 고객을 왜 만족시켜 주지 못하는가, 왜 그 고객을 우리 업소의 단골 고객 또는 충성 고객으로 만들지 못하는가라는 원론적인 물음에 도달하곤 했습니다. 그것은 원칙과 관심이 부족했기 때문입니다.

자전거를 타고 무악재를 넘어 남대문 시장에서 장사를 한 적이 있었습니다. 싣고 간 물건을 많이 팔고 집으로 돌아오는 날의 무악재는 낮아 보이고 발걸음 역시 가벼웠지만, 그러지 못할 경우의 날은 무악재가 백두산만큼이나 높아 보여 넘기가 힘겨웠고 발걸음 또한 무겁기만 했던 기억이 새롭습니다. 전국에는 70여 만 개의 음식점이 있습니다. 대부분의 경영주들은 항상 어렵다고만 합니다. 하지만 아직도 희망은 있습니다.

음식점이란 정말 투자해 볼만한 가치가 있다고 확신합니다. 한해 국가 예산이 220조 원에 달합니다. 여기서 외식 산업이 차지하는 비중이 44조 원(20%)에 이릅니다. 이런 거대 산업임에도 불구하고 지금도 제대로 된 시스템을 발견하기란 그리 쉬운 일이 아닙니다. 외식업을 현장에서 직접 경험했고 또 강단에서 가르치는 입장에서 외식인의 한 사람으로 현실에 많은 책임감을 느낍니다.

치열한 경쟁 속에 살아남는 비결은 어디에 있을까? 그것은 다름 아닌 연구와 노력에 있습니다.
때론 고3 수험생처럼 시간과 물질을 바탕으로 우리 점포만의 음식, 서비스, 판촉 전략 등을 시스템화하고 매뉴얼화하여 다른 경쟁 점포가 따라오지 못할 명품 음식점을 만들어 가야 합니다.

강병남 혜전대학교 호텔조리외식계열 교수
관광경영학 박사
(사)한국조리학회 수석부회장
(사)한국조리기능인협회 직전회장

머리말

얼마 전에 우연한 모임 자리에서 재미나는 이야기를 주고받은 적이 있습니다.

아주 유명한 설렁탕집이 있었는데, 그 집의 노하우 비법은 아들도 모르고, 며느리도 모르는 비법이었습니다. 오직 주인 할머니만 알 수 있는 비법이어서, 늘 주변 사람들이나 아들·며느리도 뭔가 특별한 노하우 비법이 숨어 있을 거라는 생각을 하게 되었습니다.

많은 세월이 흘러 어느덧 주인 할머니가 마지막 임종을 앞두고, 아들에게 다음과 같은 노하우 비법을 전수하게 되었는데,

"나의 설렁탕 노하우는… 노하우 비법은… 조미료 세 바가지……"

나는 이 이야기를 듣고는 박장대소를 하며 웃었습니다.

20여 년을 넘게 음식 연구와 개발, 벤치마킹, 그리고 오랜 시간을 유명한 프렌차이즈 본사 메뉴 컨설턴트로서 창업에 대한 메뉴와 스펙을 만드는 동안 많은 노하우 비법을 만들었지만, 결국에는 우리가 기대하는 아주 특별한 노하우 비법은 생각보다는 많지 않았습니다.

소상공인진흥원에서 노하우 비법 컨설턴트로 활동하면서 많은 자영업자를 만나 상담하다 보면, 안타까운 모습을 종종 볼 수 있었습니다. 마치 음식을 만드는 데 특별한 노하우가 없어서 장사가 잘 안 된다고 믿고 있으면서도 가장 기본인 전자저울 하나 갖추어 놓지 않고는 매장에 맞지도 않는 그저 남의 장사 잘 되는 음식의 노하우 비법만 알려 달라고 떼를 쓸 때가 종종 있었습니다.

참으로 안타까운 모습입니다.

음식의 노하우는 어찌 보면 단순한 두세 가지의 배합에서 나옵니다. 오늘날의 외식업은 몇 년 전의 창업 시장하고는 확연히 다른 노하우 비법만으로는 성공할 수 없는 시대입니다.

따라서 필자는 외식업을 준비하는 분들과 현재 외식업의 노하우 비법을 궁금해 하는 분들을 위해 그 동안 연구하고, 모아 두었던 가장 기본인 음식 맛의 비법을 외식 창업주들에게 조금이나마 도움이 되길 간절히 바라는 마음으로 노하우 비법 노트 책을 집필하게 되었습니다.

어렵게 준비한 노하우 비법 노트 책을 통하여 필자가 당부하고 싶은 말은,

첫째, 이 책을 기본 바탕으로 나만의 레시피를 연구하고 만들어 운영하는 본인 매장의 노하우로 만들고,

둘째, 주먹구구식의 레시피가 아닌 정확한 계량을 원칙으로 노하우를 만들며,

셋째, 음식 맛이란 열 명이 먹어서 다 만족할 수 없으므로 약 70%가 만족하는 맛이 나오면 흔들리지 말고 그 맛을 유지하여 추진력을 가지고 오픈하라는 것입니다.

마지막으로 현시대에는 음식 맛만이 꼭 성공을 보장하는 것이 아니라, 세상과 나의 주변과 내가 타협할 수 있어야만 창업의 성공을 맛볼 수 있다라고 말하고 싶습니다.

부족한 부분이 많지만, 노하우 비법 노트 책이 외식업 점주님이나 외식 창업을 준비하는 모든 분들에게

조금이나마 디딤돌이 되어 준다면 필자는 많은 보람을 느낄 수 있을 것입니다.

노하우 비법 책을 준비하기까지 많은 도움을 주신 성안당 출판사 호당 이종춘 대표님과 최옥현 국장님 외에 어려운 환경 속에서도 변함없이 촬영에 도움을 준 Photographer 김현기 친구, 책을 집필하는 수개월 동안 제대로 집안 살림을 돌보지 못해도 불평불만 없이 잘 지내준 소중한 가족들, 처음 노하우 비법 노트 책을 집필할 수 있도록 우연한 인연을 만들어 주신 김태곤 국장님, 노원구 장애인총연합회 이홍주 회장님과 혜전대학교 호텔 외식 계열 최고의 강병남 교수님 외 저를 아낌없이 지원해 주신 모든 분들께 이 지면을 통하여 감사의 마음을 전합니다.

향후 저는 많은 분들의 도움으로 한 걸음씩 나아가 우리 나라의 외식 창업에 조금이나마 이바지할 수 있도록 끝없는 연구와 개발에 앞장서는 것이 아낌없이 도움 주신 모든 분들의 뜻이라 생각하며, 더욱 전진할 수 있도록 노력하겠습니다.

끝으로 노하우 비법 노트 책을 읽어 보시는 모든 외식 창업자 여러분, 현재 외식 창업이란 과거의 외식 창업하고는 확연히 다르며, 경쟁자가 더 많고 더 힘든 시절입니다. 이러한 어려운 시기일수록 그 속에 기회가 있다는 것을 명심하시길 바라며, 힘들고 어려울 때 노하우 비법 노트 책이 조금이라도 도움이 되길 간절히 바랍니다.

외식 창업을 준비하시는 분들이나 현재 외식 창업을 시작한 모든 창업자 여러분~~

늘 긍정적인 마인드로 힘내시고, 여러분의 외식 창업이 꼭 성공하시길 바라겠습니다.

감사합니다.

국가조리기능장

외식과 창업 원장 **장형심**

Contents

노하우 비법 노트
고기류외편

메뉴에 어울리는 찬류와 소스

육수와 각종 양념/ 면류·반죽 만들기

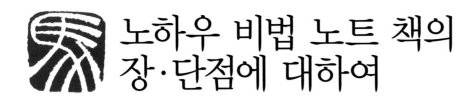

노하우 비법 노트 책의 장·단점에 대하여

1. 노하우 비법 노트 책의 장점을 간략히 설명하면 다음과 같습니다.

하나. 업소에서 사용할 수 있는 메뉴 비법에 중점을 두었습니다.

둘. 메뉴에 맞는 식재료의 사용량을 그램으로 표기하고, 원가 계산을 할 수 있도록 준비했습니다.

셋. 소스 및 양념을 제대로 만들 수 있도록 그램(g)으로 표기하고, 개개인이 본인의 노하우 비법을 연구하고 만들 수 있도록 양념과 소스 매뉴얼을 별도로 표기했습니다.

넷. 복잡한 방식보다는 간략하게 만드는 방식으로 중요한 노하우 비법만 담았습니다.

다섯. 여러 가지로 응용할 수 있도록 같은 메뉴라도 소스와 양념 만드는 법이 각각 조금씩 다르게 만들었습니다.

여섯. 수백 가지의 메뉴를 종류별로 나누어 4권으로 만들었고, 이 중 스페셜 메뉴만을 엄선하여 합본호 한권으로 정리하고, 필요한 부분만 구입 후 배울 수 있도록 정리했습니다.

2. 노하우 비법 노트 책의 단점은 다음과 같았습니다.

하나. 일반 요리책과는 다르게 만드는 과정을 자세히 설명하지 않았습니다.

둘. 전문 서적의 책으로 구성되어, 초보자에게는 다소 어려운 부분이 있습니다.

셋. 각각의 식재료 회사의 저작권에 의해 재료 명칭은 명시되지 않았습니다.

　　예시) 소고기 분말 / 조미료 / 사골 엑기스 등등

노하우 비법 노트 책에 나와 있는 소고기 분말 / 조개 분말 / 사골 엑기스 등등 기타 친밀한 재료도 있지만, 생소한 재료명도 기재되어 독자들에게는 다소 어려움이 있을 거라는 생각이 듭니다.

노하우 비법 노트에 사용되는 재료의 명칭을 하나하나 넣고 싶었으나, 각각 회사들의 상호 저작권에 의해 사용할 수 없었던 점을 너그러이 이해해 주시길 바랍니다.

따라서, 노하우 비법 노트 책을 참고삼아 식재료에 대해 연구하고, 나만의 노하우 비법을 만들 수 있는 좋은 기회라고 긍정적으로 생각해 주신다면 감사하겠습니다.

늘 연구하고 노력하는 모습으로 항상 여러분 곁에 가까이 있겠습니다.

외식 창업 프로세스 사업 계획서의 의의 및 작성 방식

1. 사업 계획서의 의의

외식 사업이 점점 더 많은 변화가 있는 현시대에는 창업 시장에서 성공 여부를 판단할 수 있는 가장 기본 바탕이 되는 것이 바로 사업 계획서입니다.

아무런 계획 없이 무작정 창업을 준비하는 것보다는 꼼꼼히 사업 계획서를 작성하면 무엇이 부족하고, 무엇을 할 것인지, 어떤 것이 나에게 맞는지에 대하여 다시 한 번 더 점검할 수 있습니다.

창업 사업 계획서는 다음과 같은 틀에서 작성을 하고, 부족한 부분을 채워 나아갈 수 있도록 합니다.

2. 외식 창업 프로세스 사업 계획서 작성하기

1) 창업 현황
가. 업소 개요(업체명 / 업태 및 종목 / 사업장 장소 / 사업장 현황 소유)
나. 창업자 인적 사항(성명 / 주소 / 주민등록번호 / 최종 학력 / 경력 사항 / 특기 사항)

2) 사업 계획
가. 창업 동기
나. 사업 내용
다. 메인 메뉴 및 사이드 메뉴
라. 매장의 차별화 전략 계획
마. 시설 및 개업 절차 계획
바. 종업원 채용 계획
사. 홍보 전략 및 판촉 마케팅 계획

3) 소요 자금 및 조달 계획
가. 창업 소요 자금
나. 자금 조달 계획 및 방법
다. 홍보·마케팅 비용 계획

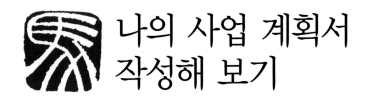

나의 사업 계획서
작성해 보기

1. 창업 현황

가. 업소 개요	
업체명	
업태 및 종목	
사업장 장소	
사업장 현황 소유	
나. 창업자 인적 사항	
성명	
주소	
주민등록번호	
최종 학력	
경력 사항	
특기 사항	

2. 사업 계획

가. 창업 동기	
나. 사업 내용	
다. 메인 메뉴 및 사이드 메뉴	
라. 매장의 차별화 전략 계획	
마. 시설 및 개업 절차 계획	
바. 종업원 채용 계획	
사. 홍보 전략 및 판촉 마케팅 계획	

3. 소요 자금 및 조달 계획

가. 창업 소요 자금	
나. 자금 조달 계획 및 방법	
다. 홍보·마케팅 비용 계획	

4. 입지 및 상권 분석

가. 입지 계획	
나. 상권 분석	

5. 시장 현황 및 전망

가. 현시장 현황	
나. 경쟁 업체 현황 및 가격	
다. 경쟁 업체의 핵심 경쟁 요소 분석	

6. 매출 추정 및 손익 계산서

가. 투자 계획	
나. 추정 손익 분기점	
다. 손익 산출 내역	
라. 타당성 분석	

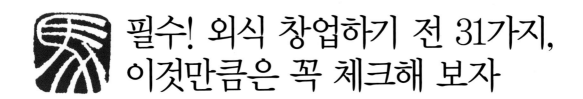

필수! 외식 창업하기 전 31가지, 이것만큼은 꼭 체크해 보자

- 필수! 외식 창업하기 전 31가지, 이것만큼은 꼭 체크해 보자.

1. 창업 자금은 자기 자본으로 준비했는가?	
2. 외식업에 대하여 기본 지식은 있는가?	
3. 고객들이 원하는 외식 음식의 요구 파악이 충분한가?	
4. 외식 창업에 대한 컨셉트는 정했는가?	
5. 나에게 긍정적인 마인드가 충분한가?	
6. 창업하기 전 가족들과 원만한 의논을 했는가?	
7. 평소 외식 창업에 대한 경험 및 적성이 맞는가?	
8. 마라톤을 달릴 수 있는 강한 의지가 있는가?	
9. 사업 계획은 충분히 세웠는가?	
10. 창업에 대한 차별화된 전략을 세웠는가?	
11. 외식 창업 전문가와 상담을 했는가?	
12. 창업 후 3개월 정도 유지할 수 있는 비용은 준비되어 있는가?	
13. 과도한 대출을 받지 않았는가?	
14. 발로 뛰면서 상권 조사를 해 보았는가?	
15. 인터넷이나 이론적 강의, 본인 고집으로만 창업을 준비했는가?	
16. 외식 창업을 쉽게 생각해 본적은 없는가?	
17. 프렌차이즈 본사를 하겠다는 꿈만 꾸고 창업을 시작하지는 않았는가?	
18. 유사 업종에 대한 경력은 충분한가?	
19. 마땅히 할 것이 없어서 창업을 준비하지는 않았나?	
20. 외식 창업을 해서 성공한다는 남들의 얘기에 시작하지는 않았나?	
21. 3~4개월 이상 창업 준비 기간을 가졌는가?	
22. 성급한 마음으로 창업에 대한 촉박한 계약을 하려고 했는가?	
23. 외식 창업의 사회적 흐름에 대하여 파악을 했는가?	
24. 단순히 유행하는 아이템을 선정하지는 않았나?	

25. 현 사업장 인수 시 과도한 권리금에 대하여 한 번 더 계산해 보았나?	
26. 호화스러운 상권에 현혹되어 무리한 투자를 하지는 않았는가?	
27. 계약 전 업소의 인허가 사항에 대하여 다시 점검해 보았는가?	
28. 외식 창업에 대하여 현실적인 목적을 세웠는가?	
29. 자본 부족으로 인해 동업을 준비하는가?	
30. 음식에 대하여 기본 지식도 없이 주방장만 믿고 시작하는가?	
31. 외식 창업 노하우만큼은 내가 만들어야 된다는 생각이 있는가?	

"외식과 창업"을 운영하면서, 수많은 예비 창업자 및 현재 창업하여 사업을 운영 중인 업주분들과의 상담을 주고 받 은 적이 많았습니다.

예비 창업자들은 현실성이 부족한 부분이 많았고, 현재 창업자 분들은 현실성을 뒤늦게 알고도 부족한 부분에 대하여 보충을 하는 것보다는 가능성 없는 부분에 미련을 못버리는 습관이 있다는 것을 알게 되었습니다.

한때는 외식업으로 인해 쉽게 돈을 벌던 시절이 있었으나, 하루가 다르게 변하는 요즘 세상은 그 시절을 먼 옛날 얘기라고 해도 과언은 아닙니다.

인터넷이 보급되고, 걸어 다니면서도 스마트하고 빠르게 정보를 알 수 있는 현대에는 어떠한 것으로 창업을 했더니 성공했더라 ~~ 하고 소문이 나면, 급속도로 창업이 늘어나는 세상이 되어 버렸습니다.

어느 거리를 자주 오가다 보면, 커피 전문점이 하나둘 생기더니 어느새 카페 거리가 형성이 되어 있기도 합니다.

흔히 나눠 먹기 상권이 성립된 것입니다.

이러한 현실에 우리는 살고 있고, 수많은 예비 창업자들은 성공하는 창업을 꿈꾸고 있습니다.

1년에 창업을 준비하고, 창업을 시작하는 인구가 전국 80만 명쯤 된다는 이야기를 전해 들은 적이 있습니다.

과연 그 많은 예비 창업자들이 다 성공할 수 있을까요?

꿈을 꾸고, 창업을 한다는 것은 참으로 아름답고, 멋진 일인 것은 분명합니다.

하지만, 반드시 현실에 맞게 창업을 준비하기 위하여 한 번쯤 되짚어 보는 것도 중요하다는 생각이 들어, 오랜 경험을 바탕으로 외식 창업을 준비하고 계신 예비 창업자들에게 미력하나마 작은 도움이 되길 간절히 바라는 마음으로 '필수! 외식 창업하기 전 31가지, 이것만큼은 꼭 체크해 보자'를 만들었습니다.

외식 창업하기 전 반드시 체크해 보시길 바랍니다.

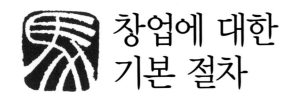

창업에 대한 기본 절차

1. 창업 기본 절차

창업을 하기 전 창업 환경은 어떠하고 창업자의 자질과 적성은 맞는지… 창업 자금의 규모는 얼마로 할 것이며 어떤 업종으로 사업을 할 것인지… 사업성은 있는지… 인·허가 사항과 회사 설립 절차는 어떻게 하는지 등 창업 전반에 대한 절차를 이해해야 창업을 효율적으로 할 수 있습니다.

이러한 절차를 이해하지 못한 경우에는 창업 기간이 지연되고 창업 과정에서 엄청난 고생을 해야 합니다. 따라서 창업자는 철저한 사업 준비와 더불어 효율적인 창업 과정을 이해하고 숙지하며 성공 창업으로 이끌어야 합니다.

2. 일반적인 창업 절차

창업 환경 검토 → 창업자 적성 검사 → 투자 규모 결정 → 아이템 탐색 및 검토 → 사업의 형태 결정 → 사업 타당성 분석 → 사업 계획서 작성 → 인·허가 사항 검토 → 개업 준비 → 오픈

3. 창업의 단계별 검토 내용

1) 창업 환경 검토

창업자는 창업 전 창업 환경을 파악할 필요가 있습니다. 창업을 왜 하는가에 대한 방향 설정과 창업을 하기에 적합한 여건이 조성되어 있는지 그리고 창업 및 경영에 대한 이론이 학습되어 있는지를 점검해야 합니다. 창업은 마치 자전거를 타고 달리는 것과 같습니다. 자전거에 올라타면 계속 앞으로 달려야 합니다. 달리지 않으면 쓰러지듯 창업도 이와 마찬가지입니다.

2) 창업자 적성 검사

바보는 천재를 이길 수 없고, 천재는 노력하는 사람을 이길 수 없고, 노력하는 사람은 즐기면서 일하는 사람을 이길 수 없다고 합니다. 즉 자기 적성에 맞는 아이템 선택이 성공 창업을 가져온다는 이야기입니다. 성공적인 창업은 주어지는 것이 아니라 만드는 것입니다.

많은 전문가들은 창업의 성공 여부를 개인의 기질과 밀접한 관계가 있다고 합니다. 그렇다면 나에게는

창업의 기질이 있는가? 사람은 누구나 스스로 내리는 결정에 따라 성장해 나갑니다. 바로 그 결정이 자기 곁에 있는 기회를 잡을 수도 있고 놓칠 수도 있습니다.

자기의 잠재력을 발휘해 나감으로써 매일매일 즐거움을 찾아낼 수 있을 것입니다. 그러기 위해서는 우선 나의 적성을 검사할 필요가 있습니다. 인간의 직업 적성을 탐색하기 위한 방법은 크게 3가지로 나눌 수 있습니다.

가. 능력을 중심으로 측정하는 직업 적성 검사

나. 흥미 중심의 직업 적성 검사

다. mbti(성격 유형 검사)

3) 투자 규모 결정

창업을 추진하기 위해서는 동원 가능한 자금의 규모와 실제 투자할 자금 규모를 결정하여야 합니다. 도·소매업이나 서비스업에 비해 제조업이 더 많은 자금을 필요로 합니다. 또한 도·소매업의 경우에도 취급 상품이나 점포 규모 등에 따라 자금 규모에 많은 차이가 있습니다. 서비스업의 경우에도 서비스업의 종류와 유형에 따라서 적은 자본이 필요한 경우가 있는가 하면 도·소매업에 비해서 훨씬 많은 자금이 소요되는 경우도 흔히 있습니다.

4) 아이템 탐색 및 검토와 사업의 형태 결정

아이템 선정은 창업의 가장 중요한 요소입니다. 중소기업청에서 창업 실패 사례를 조사한 결과 1위가 바로 아이템 선정이 잘못되었다는 것입니다. 어떤 제품을 팔 것인가? 하는 실질적인 사업 내용을 결정하는 것으로 창업을 하려는 사람의 전공과 적성, 취미, 자금 능력, 주변 여건 등을 충분히 고려한 후 업종 및 아이템을 선택하여야 합니다.

5) 사업 타당성 분석

사업 타당석 분석이란 추진하려는 사업을 체계적으로 점검하여 성공 가능성이 없는 사업은 포기하고 실패 요인을 사전에 제거하여 추후 발생할 손실을 예방하기 위한 분석을 말합니다. 사업 타당성 분석은 신규 사업에 있어서는 필수적인 작업입니다. 즉 사업 타당성 분석은 창업을 하기 위해서는 반드시 거쳐야 하는 첫 번째 관문입니다.

중소기업은 물론이고 소규모 개인사업이라도 필수적으로 작성해야 합니다. 왜냐하면 추진하고자 하는 사업이 객관적이고 체계적이라는 것을 검증하기 위한 것이기 때문이고 본인이 할 수 없으면 비용을 들여

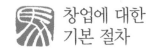

서라도 외부 전문가와 제 3자에게 최종 검토를 의뢰하는 것이 바람직합니다.

6) 사업 계획서 작성

사업 계획서는 추진할 구체적인 사업 내용과 세부 일정 계획 등을 기록해 놓은 것으로 창업 과정에 있어서 계획 사업에 관련된 제반 사항을 담고 있습니다. 사업 계획서는 창업자 자신을 위해서는 사업 성공의 가능성을 높여 주는 동시에 계획적인 창업을 가능케 하며 창업 기간을 단축시켜 주고 창업에 도움을 줄 제 3자 즉 출자자, 금융 기관, 매입처, 더 나아가 일반 고객에 이르기까지 투자의 관심 유도와 설득 자료로 활용도가 매우 높습니다.

최근 정부에서도 각종 금융 기관이나 투자 기관들을 통해 중소기업을 위한 금융 지원의 폭을 넓히고 있습니다.

7) 인·허가 사항 검토

창업자는 창업 전 추진 사업에 대해 어떤 인·허가 사항이 필요한지를 확인해야 합니다. 허가를 받지 않고 사업을 하는 경우 각종 행정 규제를 받게 됨은 물론 법을 어기는 결과를 초래하게 됩니다.

8) 개업 준비 및 오픈

위의 과정을 거친 후 사업 계획서의 추진 일정에 따라 개업을 해야 합니다. 법인의 경우 먼저 법인 등기를 한 후 사업자 등록을 신청해야 합니다.

(한국외식업중앙회 자료 제공)

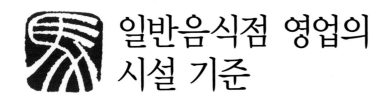

일반음식점 영업의 시설 기준

일반음식점 영업 신고를 하기 위해서는 영업에 필요한 시설을 갖춘 후 영업 신고서와 「식품위생법 시행규칙」 제27조 제1항에서 정한 서류를 첨부하여 신고 관청에 제출해야 합니다.

1. 일반음식점 영업의 시설 기준

일반음식점 영업을 하기 위해서는 「식품위생법」 제36조, 「식품위생법 시행규칙」 제36조 및 [별표 14]에서 정하고 있는 식품접객업의 공통 시설 기준과 업종별 시설 기준에 적합한 시설을 갖추어야 합니다.

2. 식품접객업(일반음식점) 공통 시설 기준

일반음식점을 포함하여 식품접객업에 공통적으로 적용되는 시설 기준은 다음과 같습니다.

3. 공통 시설 기준(식품접객업)

일반음식점을 포함하여 식품접객업에 공통적으로 적용되는 시설기준은 다음과 같습니다.

1) 영업장

독립된 건물이거나 식품접객업의 영업 허가 또는 영업 신고를 한 업종 외의 용도로 사용되는 시설과 분리되어야 합니다. 다만, 일반음식점에서 「축산물위생관리법 시행령」 제21조 제7호 가목의 식육판매업의 영업을 하려는 경우에는 분리되지 아니하여도 됩니다.

가. 영업장은 연기·유해 가스 등의 환기가 잘 되도록 해야 합니다.

나. 음향 및 반주 시설을 설치하는 영업자는 영업장 내부의 노래소리 등이 외부에 들리지 아니하도록 방음 장치를 해야 합니다.

다. 공연을 하고자 하는 휴게음식점·일반음식점 및 단란주점의 영업자는 무대 시설을 영업장 안에 객석과 구분되게 설치하되 객실 안에 설치해서는 아니 됩니다.

2) 조리장

조리장은 손님이 그 내부를 볼 수 있는 구조로 되어 있어야 합니다. 다만, 영 제7조 제8호 바목에 의한 제과점영업소로서 동일 건물 안에 조리장을 설치하는 경우와 「관광진흥법 시행령」 제2조 제1항 제2호 가목 및 같은 항 제3호 마목에 따른 관광호텔업 및 관광공연장업의 조리장의 경우에는 그러하지 않습니다.

가. 조리장 바닥에 배수구가 있는 경우에는 덮개를 설치해야 합니다.

나. 조리장 안에는 취급하는 음식을 위생적으로 조리하기 위하여 필요한 조리 시설·세척 시설·폐기물 용기 및 손 씻는 시설을 각각 설치해야 하고, 폐기물 용기는 오물·악취 등이 누출되지 아니하도록 뚜껑이 있고 내수성 재질로 된 것이어야 합니다.

다. 1인의 영업자가 하나의 조리장을 2 이상의 영업에 공동으로 사용할 수 있는 경우는 다음과 같습니다.

❶ 동일 건물 안의 같은 통로를 출입구로 사용하여 휴게음식점·제과점 영업 및 일반음식점 영업을 하려는 경우

❷ 「관광진흥법 시행령」에 따른 전문휴양업, 종합휴양업 및 유원시설업 시설 내의 동일한 장소에서 휴게음식점·제과점 영업 또는 일반음식점 영업 중 2 이상의 영업을 하려는 경우

❸ 일반음식점 영업자가 일반음식점의 영업장과 직접 접한 장소에서 도시락류를 제조하는 즉석 판매제조·가공업을 하려는 경우

❹ 제과점 영업자가 식품제조·가공업의 제과·제빵류 품목을 제조·가공하려는 경우

❺ 제과점 영업자가 기존 제과점의 영업 신고 관청과 같은 관할 구역에서 5킬로미터 이내에 둘 이상의 제과점을 운영하려는 경우

• 조리장에는 주방용 식기류를 소독하기 위한 자외선 또는 전기 살균 소독기를 설치하거나 열탕 세척 소독 시설(식중독을 일으키는 병원성 미생물 등이 살균될 수 있는 시설이어야 합니다. 이하 같다)을 갖추어야 합니다.

• 충분한 환기를 시킬 수 있는 시설을 갖추어야 합니다. 다만, 자연적으로 통풍이 가능한 구조의 경우에는 그러하지 않습니다.

• 식품 등의 기준 및 규격 중 식품별 보존 및 보관 기준에 적합한 온도가 유지될 수 있는 냉장 시설 또는 냉동 시설을 갖추어야 합니다.

3) 급수 시설

수돗물이나 「먹는물관리법」 제5조에 따른 먹는물의 수질 기준에 적합한 지하수 등을 공급할 수 있는

시설을 갖추어야 합니다.
- 지하수를 사용하는 경우 취수원은 화장실·폐기물 처리 시설·동물 사육장, 기타 지하수가 오염될 우려가 있는 장소로부터 영향을 받지 아니하는 곳에 위치해야 합니다.

4) 화장실
화장실은 콘크리트 등으로 내수 처리를 해야 합니다. 다만, 공중화장실이 설치되어 있는 역·터미널·유원지 등에 위치하는 업소, 공동화장실이 설치된 건물 내에 있는 업소 및 인근에 사용하기 편리한 화장실이 있는 경우에는 따로 화장실을 설치하지 아니할 수 있습니다.
가. 화장실은 조리장에 영향을 미치지 아니하는 장소에 설치해야 합니다.
나. 정화조를 갖춘 수세식 화장실을 설치해야 합니다. 다만, 상·하수도가 설치되지 아니한 지역에서는 수세식이 아닌 화장실을 설치할 수 있습니다.
다. 수세식이 아닌 화장실을 설치하는 경우에는 변기의 뚜껑과 환기 시설을 갖추어야 합니다.
라. 화장실에는 손을 씻는 시설을 갖추어야 합니다.

4. 공통 시설 기준의 적용 특례

1) 다음의 경우에는 공통 시설 기준에 불구하고 시장·군수 또는 구청장(시·도에서 음식물의 조리·판매행위를 하는 경우에는 시·도지사)이 시설 기준을 따로 정할 수 있습니다.
가. 「전통시장 및 상점가 육성을 위한 특별법」 제2조 제1호에 따른 전통시장에서 음식점 영업을 하는 경우
나. 해수욕장 등에서 계절적으로 음식점 영업을 하는 경우
다. 고속도로·자동차전용도로·공원·유원시설 등의 휴게 장소에서 영업을 하는 경우
라. 건설 공사 현장에서 영업을 하는 경우
마. 지방자치단체 및 농림수산식품부 장관이 인정한 생산자 단체 등에서 국내산 농·수·축산물의 판매 촉진 및 소비 홍보 등을 위하여 14일 이내의 기간에 한하여 특정 장소에서 음식물의 조리·판매 행위를 하고자 하는 경우

2) 농어촌 체험·휴양 마을 사업자가 농어촌 체험·휴양 프로그램에 부수하여 음식을 제공하는 경우에는 「도시와 농어촌 간의 교류 촉진에 관한 법률」 제10조의 영업 시설 기준을 따릅니다.

3) 다음의 경우에는 각 영업소와 영업소 사이를 분리 또는 구획하는 별도의 차단벽이나 칸막이 등을 설치하지 아니할 수 있습니다.

가. 백화점, 슈퍼마켓 등에서 휴게음식점 영업 또는 제과점 영업을 하고자 하는 경우

나. 음식물을 전문으로 조리하여 판매하는 백화점 등의 일정 장소(식당가)에서 휴게음식점 영업·일반음식점 영업 또는 제과점 영업을 하고자 하는 경우로서 위생상 위해 발생의 우려가 없다고 인정되는 경우

5. 업종별 시설 기준(일반음식점)

1) 객실

가. 잠금 장치 : 일반음식점의 객실에는 잠금 장치를 설치할 수 없습니다.

나. 특수 조명 시설 : 일반음식점의 객실 안에는 무대 장치, 음향 및 반주 시설, 우주볼 등의 특수 조명 시설을 설치해서는 안 됩니다.

2) 칸막이

가. 객석에는 높이 1.5미터 미만의 칸막이(이동식 또는 고정식)를 설치할 수 있습니다.

나. 이 경우 2면 이상을 완전히 차단하지 아니해야 하고, 다른 객석에서 내부가 서로 보이도록 해야 합니다.

3) 안전 시설 등

가. 영업장으로 사용하는 바닥 면적(「건축법 시행령」 제119조 제1항 제3호에 따라 산정한 면적을 말함)의 합계가 100제곱미터(영업장이 지하층에 설치된 경우에는 그 영업장의 바닥 면적 합계가 66제곱미터) 이상인 경우에는 「다중이용업소의 안전 관리에 관한 특별법」 제9조 제1항에 따른 소방 시설 등 및 영업장 내부 피난 통로, 그 밖의 안전 시설을 갖추어야 합니다. 다만, 영업장(내부 계단으로 연결된 복층 구조의 영업장은 제외)이 지상 1층 또는 지상과 직접 접하는 층에 설치되고 그 영업장의 주된 출입구가 건축물 외부의 지면과 직접 연결되는 곳에서 하는 영업을 제외합니다.

단, 일반음식점 영업장에는 손님이 이용할 수 있는 자막용 영상 장치 또는 자동반주 장치를 설치해서는 아니 됩니다. 다만, 연회석을 보유한 일반음식점에서 회갑연, 칠순연 등 가정의 의례로서 행하는 경우에는 그렇지 않습니다.

나. 기차·자동차·선박·유선장·도선장 또는 수상레저사업장을 이용하는 경우

　기차·자동차·선박 또는 수상 구조물로 된 유선장·도선장 또는 수상레저사업장을 이용하는 경우 다음 시설을 갖추어야 합니다.

❶ 1일의 영업 시간에 사용할 수 있는 충분한 양의 물을 저장할 수 있는 내구성이 있는 식수 탱크

❷ 1일의 영업 시간에 발생할 수 있는 음식물 찌꺼기 등을 처리하기에 충분한 크기의 오물통 및 폐수 탱크

❸ 음식물의 재료(원료)를 위생적으로 보관할 수 있는 시설

다. 영업장 넓이가 150제곱미터 이상인 일반음식점 영업소는 「국민건강증진법」 제9조 제4항에 따라 해당 영업소 전체를 금연 구역으로 지정하거나 영업장 면적의 2분의 1 이상을 금연구역으로 지정해야 합니다.

4) 시설의 개수 명령(적합한 시설을 갖추지 못한 경우)

가. 시장·군수·구청장은 영업자에 대하여 그 영업 시설이 「식품위생법」 제36조, 「식품위생법 시행규칙」 제36조 및 [별표 14]에 따른 시설 기준에 적합하도록 기간을 정하여 개수를 명할 수 있습니다(「식품위생법」 제74조 제1항).

나. 건축물의 소유자와 영업자 등이 다른 경우 건축물의 소유자는 시설 개수 명령에 따른 시설의 개수에 최대한 협조해야 합니다(「식품위생법」 제74조 제2항).

다. 위 시설 개수 명령에 따르지 않는 영업자는 500만 원 이하의 과태료를 부과받게 됩니다(「식품위생법」 제101조 제2항 제8호).

5) 형사 처벌

가. 「식품위생법」 제36조에 따른 시설 기준에 위반한 영업자는 3년 이하의 징역 또는 3천만원 이하의 벌금에 처해집니다(「식품위생법」 제97조 제4호).

(한국외식업중앙회 자료 제공)

외식 창업에 필요한 서류 절차에 대하여 체크해 보기

1. 외식 창업 인·허가 절차에 관한 준비 및 체크 사항 점검하기

1. 영업 장소 건물의 용도가 근린 생활 시설 일반음식점으로 되어 있는지 소재지 관할 구청 지적과에 건축물 대장을 확인했나?	
2. 영업장 면적에 따른 정화조 용량이 정확한지 소재지 관할 구청 청소행정과에서 확인이 되었는가?	
3. 병원 또는 보건소에서 본인 외 종업원/아르바이트생 등등의 보건증을 발급받았나?	
4. 음식업협회에서 식품접객업 위생교육을 받고, 위생교육필증을 교부받았나?	
5. 액화석유가스 사용 완성 검사필증을 교부받았나?	

2. 영업 신고하기

1. 구비 서류	위생교육필증 / 보건증 / 액화석유가스 사용완성 검사필증 / 교동채권 / 매입필증 / 수입증지(28,000원) / 면허세(18,000원)
2. 영업 신고 소재지	관할 구청의 환경위생과(영업 신고 후 영업허가증 교부받기)

3. 사업자 등록하기

1. 사업자 등록 기관	관할 소재지 세무서
2. 구비 서류	개인사업자 등록 신청서 1부(세무서 비치)/임대차 계약서/사업허가증(영업허가증 사본 1부)
3. 사업자 등록 기간	음식점 영업 신고 후 사업을 시작한 날 20일 이내 및 사업 개시 전 신청 가능함.

매장에 필수! 일일 체크하는 습관을 길들이자

하루하루 체크하는 습관으로 식재료의 재고를 알아보고, 위생 점검 및 주방 관리 안전을 점검해 봅니다.

하루하루 체크하는 위생 점검표

월   일 (요일)   체크 담당자 :

점검 체크 항목	점검 리스트	결 과
개인 위생 점검	1. 위생복 / 위생모 / 앞치마 / 머리가 깨끗한가?	
	2. 안전화는 깨끗하고, 바르게 신고 있는가?	
	3. 손톱에 매니큐어 / 액세서리 상태는?	
	4. 손에 상처 또는 손톱 길이는?	
주방 및 주변 환경 위생 점검	1. 주방 바닥 트렌치 청소가 잘 되어 있는가?	
	2. 배수가 제대로 되고 있는가?	
	3. 냉장고 / 냉동고 온도가 맞게 유지되고 있는가?	
	4. 냉장고 정리와 청소 및 야채가 투명봉투에 담겨져 있는가?	
	5. 행주 / 칼 / 장갑 / 도마는 일일 소독을 하고 있는가?	
	6. 음식 세척용 고무장갑과 청소용 고무장갑이 분리되어 있는가?	
	7. 음식물 쓰레기통이 깨끗이 닦여 있는가?	
	8. 식기 세척기 물은 하루 세 번 이상 바꿔 주는가?	
식재료 및 양념류 유통 기한	1. 양념류에 대한 유통 기한은 확인했는가?	
	2. 사용하고 남은 캔 제품의 보관 방법은 정확히 알고 있는가?	
	3. 식재료의 보관 상태는?	
	4. 재고로 남은 식재료의 보관 상태 및 사용 기한을 알고 있나?	
	5. 각각 통에 옮겨 담은 양념류에 대하여 유통 기한 표시를 했나?	
	6. 냉장이 필요 없는 양념류는 올바른 보관 방법을 선택했나?	
	7. 밀가루 및 설탕, 기타 양념에 뚜껑이 바르게 덮여 있는가?	
기타 사항	1. 보건증 유효 기간 1개월 단위로 확인했나?	
	2. 하루하루 위생 점검표를 체크하는가?	
그 외 자체적으로 체크 리스트 항목 넣기		

하루하루 식재료 체크하는 검수표

월   일 (요일)   체크 담당자 :

식재료 및 공산품	체크 리스트 품목	상 태			전달 사항
주재료		상	중	하	
부재료		상	중	하	
생선류		상	중	하	
육류		상	중	하	
과일류		상	중	하	
건어물		상	중	하	
생선류		상	중	하	
두부		상	중	하	
달걀		상	중	하	
김치류		상	중	하	
쌀 및 잡곡류		상	중	하	
주야채류		상	중	하	
부야채류		상	중	하	
고춧가루		상	중	하	
고추장		상	중	하	
간장		상	중	하	
기타 양념류		상	중	하	
각종 공산품		상	중	하	
구매 사항					
재고 현황					
기타 의견					

노하우 비법 노트
고기류외편

소고기양념갈비

소고기양념갈비 양념 배합비		
재료(갈비 100대)	중량	원가 산출
생수 또는 끓여서 식힌 물	3kg	
간장	800g	
백설탕	800g	
흰 물엿	100g	
조미료	15g	
검은 후춧가루	10g	
곱게 갈은 배	1kg	
곱게 갈은 통깨가루	30g	
곱게 갈은 양파	100g	
커피가루	3g	
캐러멜소스	10g	
소주	80g	
갈은 마늘	200g	
참기름	3g	

● 소고기양념갈비 양념 배합하기

1. 생수를 정량으로 준비하여 저울에 잰다.
2. 배는 믹서기를 이용하여 곱게 갈아서 준비한다.
3. 볶은 통깨도 분마기를 이용하여 곱게 갈아서 준비한다.
4. 양념 배합비에 나온 재료를 저울에 하나씩 정량으로 재서 모든 재료를 믹싱하고, 손질된 소갈비에 붓고 6시간 후 양념 없이 되말기를 한다.
5. 소갈비를 되말기한 후 48시간 냉장 숙성 후 사용할 수 있다.

※ 옆의 재료는 소갈비 약 100대를 재울 수 있는 양념 배합비이다.
　소갈비는 소뼈를 잘라 푸드 바인드라는 달걀 분말을 이용하여 소고기 살을 붙여서 사용하는 경우가 종종 있다.

■ 고수의 노하우 포인트
- 생양념을 선택할 때는 반드시 생수 또는 끓여서 식힌 물을 사용해야 된다.
- 배 대신 갈아 만든 배즙 음료를 사용할 수도 있으나, 생수와의 배합을 적절히 조절한다.
- 이 외에도 소갈비 양념은 여러 가지 방법이 있으나, 가장 손쉬운 방법을 채택하였다.

광양불고기

광양불고기 양념 배합비		
재료(고기 약 8kg)	중량	원가 산출
물	500g	
백설탕	500g	
간장	500g	
흰 물엿	200g	
다진 마늘	150g	
배즙	700g	
양파즙	650g	
정종	250g	
검은 후춧가루	7g	
볶은 소금	10g	
조미료	5g	
다진 파	고기 100g당 10g	
참기름	고기 100g당 5g	

● 광양불고기 양념 배합하기

1. 냄비에 계량된 물/설탕/간장/흰 물엿/조미료/소금을 넣고 끓여서 완전히 식힌다.
2. 끓여서 식힌 소스에 다진 마늘/배즙/양파즙을 넣고 섞는다.
3. 양념을 잘 배합시킨 후 마지막에 정종과 검은 후춧가루를 넣고 소스를 만들어 놓는다.

● 광양불고기 만들기

1. 고기를 기본 양념에 넣어 숙성시킨다.(기본 양념 : 배즙 / 후춧가루)
2. 숙성된 고기를 굽기 전 바로 양념을 넣고 조물조물 무친다.
3. 다진 파와 참기름을 (고기 굽기 30분 전에) 추가로 넣고 다시 살짝 무친다.
4. 잘 달구어진 숯불에 고기를 굽는다.
5. 등심 고기 1kg당 소스는 약 400g 정도 사용한다.

※광양불고기는 고기를 오래 재워서 굽는 방식이 아닌, 고기를 먼저 숙성 후 굽기 전에 양념을 넣고 조물조물 무쳐서 참숯에 바로 굽는 방식이다.

■ 고수의 노하우 포인트
• 고기 부위는 등심 또는 알목심을 사용하고, 광양불고기는 고기의 색감을 살리기 위해 양념 배합에 소금을 주로 사용한다.
• 사용하는 간장에 따라 짠맛이 차이가 날 수 있다.

석쇠불고기

석쇠불고기 양념 배합비

재료(고기 약 3~4kg)	중량	원가 산출
물	1.5kg	
간장	300g	
검은 물엿	300g	
흑설탕	70g	
다진 마늘	150g	
양파즙	150g	
정종	150g	
다진 파	80g	
조미료	10g	
검은 후춧가루	4g	
갈은 깨소금	40g	
생강즙	5g	
배즙	300g	
참기름	50g	

석쇠불고기 세팅 재료 및 중량

재료(한 접시)	중량	원가 산출
숙성고기	300g	
대파채 또는 실파	50g	

● 석쇠불고기 양념 배합하기

1. 정량의 물과 간장 / 흑설탕 / 검은 물엿 / 조미료를 넣고 은근히 끓여서 하루 정도 식혀서 준비한다.

2. 식힌 양념에 준비한 배즙 / 양파즙을 넣고 잘 섞고, 나머지 재료인 다진 마늘 / 후춧가루 / 갈은 깨소금 / 생강즙 / 정종을 넣어 저어 준 후, 마지막에 참기름을 붓고 고기를 넣어 재워 둔다.

3. 양념에 재운 고기는 24시간 숙성 후 사용할 수 있다.

● 석쇠불고기 만들기 및 세팅하기

1. 참숯을 준비한다.

2. 불을 피우고 은근히 숯이 달구어 지면, 석쇠에 고기를 올려 놓고 왔다 갔다 하며 타지 않게 굽는다.

3. 다 익으면 대파채 또는 실파를 올려 제공한다.

■ 고수의 노하우 포인트
• 소고기 부위는 등심 또는 알목심을 사용한다.

서울불고기

서울불고기 양념 배합비

재료(약 7~8인분)	중량	원가 산출
물	1kg	
진간장	300g	
감초	5g	
설탕	250g	
통생강	15g	
통마늘	20g	
통후추	5g	
대파뿌리	30g	
조미료	10g	
올리고당	100g	
배즙	60g	
양파즙	30g	
다진 마늘	60g	
정종	60g	
검은 후춧가루	2g	

서울불고기 육수 배합비

재료(약 10인분)	중량	원가 산출
물	3kg	
소고기 엑기스	20g	
통양파	70g	
통마늘	50g	
꽃소금	15g	
설탕	170g	
간장	60g	
통후추	6g	
올리고당	150g	
대파뿌리/건고추	10g	
통배	60g	
후춧가루	0.7g	

서울불고기 세팅 재료 및 중량

재료(2인분)	중량	원가 산출
양념 소고기	240g	
팽이버섯	50g	
양파채	40g	
대파채	10g	
불린 당면	80g	
육수	300g	
청·홍고추	5g	

● 서울불고기 양념 배합하기

1. 정량의 물과 통생강/통마늘/통후추/대파뿌리/올리고당/감초/설탕을 넣고 은근히 끓인 후, 재료는 건져 내고 식힌다.
2. 완전히 식힌 양념에 배즙/양파즙/다진 마늘/정종/후춧가루/조미료를 넣고 잘 섞는다.

● 서울불고기 육수 만들기

1. 육수 배합비에 나온 재료를 정량으로 저울에 달아서 냄비에 붓고 은근히 끓여 준다.
2. 끓였던 재료를 체로 걸러 내고 준비한다.

● 서울불고기 세팅하기

1. 불고기 전용 팬에 재워 놓은 불고기를 얹고, 그 위에 팽이버섯/양파/대파채/불린 당면을 넣는다.
2. 육수는 불판 밑에 붓는다.

■ 고수의 노하우 포인트
• 고기는 일렸을 때 1mm 정도의 두께가 좋으며, 고기 1kg일 때 양념은 250g 정도 붓는다.
• 육수는 별도로 고기를 불고기 팬에 얹었을 때 2인 기준 200~300g 정도 붓는다.
• 불고기 전용 팬이 없다면 일반 전골 팬으로도 가능하나 육수량을 줄여서 붓는다.

오리불고기

오리불고기 양념 배합비

재료(오리고기 약 5kg)	중량	원가 산출
물	2kg	
간장	500g	
정향	2알	
감초	20g	
계피	10g	
설탕	230g	
통마늘	70g	
통생강	40g	
통후추	10g	
마른 고추	15g	
올리고당	150g	
대파뿌리	20g	
조미료	12g	
양파즙	30g	
후춧가루	3g	
다진 파	20g	
정종	150g	
다진 마늘	100g	
배즙	120g	

오리불고기 육수 배합비

재료(약 10회 사용량)	중량	원가 산출
물	3kg	
오리뼈	500g	
통양파	70g	
통생강	20g	
통마늘	60g	
닭 엑기스	10g	
설탕	170g	
간장	90g	
통후추	7g	
올리고당	160g	
후춧가루	0.8g	
소주	50g	
월계수잎	1장	

오리불고기 세팅 재료 및 중량

재료(2인분)	중량	원가 산출
오리고기	240g	
양파채	40g	
팽이버섯	30g	
대파	15g	
쑥갓	10g	
청·홍고추	10g	
육수	250g	

● 오리불고기 양념 배합하기

1. 정량의 계량된 물에 정향/감초/계피/통생강/통마늘/통후추/마른 고추/대파뿌리를 넣고 하루 정도 재워 놓는다.

2. 재워 놓은 물에 올리고당/간장/설탕을 넣고 은근한 불에서 끓여 준 후 완전히 식히고, 끓었던 재료는 건져 낸다.

3. 식혀 놓은 소스를 체로 걸러서 준비하고, 배즙/양파즙/정종/다진 파/후춧가루를 넣어 잘 섞어서 준비하고, 오리고기를 재워 놓는다.

● 오리불고기 육수 만들기

1. 오리뼈를 흐르는 물에 담가 핏물을 완전히 제거한다.

2. 정량의 물을 붓고, 오리뼈/통양파/통생강/월계수잎/통마늘을 넣고 은근한 불에서 끓이다가, 소주를 붓고 닭 엑기스/설탕/간장/후춧가루/올리고당을 넣고 한 번 더 끓여서 식힌 후, 건더기와 기름을 걸러 식힌다.

● 오리불고기 세팅하기

1. 불고기 팬에 양파와 팽이버섯/대파를 한쪽에 담고, 재워 놓은 오리고기를 올려 준다.

■ **고수의 노하우 포인트**

• 오리고기는 1kg 기준으로 소스를 650g 정도 부어 재워 놓는다.

• 오리는 1kg이 넘지 않는 것이 가장 연하고 맛이 좋다.

• 하루 정도 숙성 후 사용하고, 3일을 넘기지 않는다.

오삼불고기

오삼불고기 양념 배합비

재료(약 20인분)	중량	원가 산출
소고기 육수 또는 생수	140g	
일반 고춧가루	200g	
매운 청양고춧가루	30g	
조미료	10g	
간장	150g	
요리당	200g	
고추장	400g	
후춧가루	2g	
천일염	20g	
소고기 분말	10g	
갈은 생강	40g	
갈은 사과	200g	
갈은 파인애플	100g	
갈은 양파	250g	
소주	120g	
갈은 마늘	100g	
매실액	20g	
배즙	100g	

오삼불고기 세팅 재료 및 중량

재료(2인분)	중량	원가 산출
양념에 재운 오징어	100g	
양념에 재운 삼겹살	200g	
삶은 콩나물	60g	
양파채	40g	
대파채	30g	
당근채	20g	
양배추	40g	
다진 마늘	5g	
청·홍고추/깻잎	15g	

서비스 재료

재료(2인분)	중량	원가 산출
불린 당면	80g	
떡국 떡	60g	

● 오삼불고기 양념 배합하기

1. 분량의 고추장에 소고기 육수(소고기 육수 만드는 법은 175페이지 참조)를 천천히 붓고 거품기로 잘 저어 준다.
2. 고춧가루 2종류를 서서히 넣어가면서 골고루 저어 준 후, 갈은 과일즙/양파/생강 순으로 넣어서 저어 준다.
3. 요리당을 넣고 설탕/조미료/소고기 분말/매실액을 넣어서 저어 준 후 마지막에 소주를 넣는다.
4. 하루 정도 양념을 숙성시키면 부드러운 맛의 조화를 이룰 수 있다.

● 고기 재우기

1. 삼겹살 1.3kg과 손질된 오징어 1kg을 각각 나눠서 양념에 재워 5시간 후 사용한다.
2. 오징어는 양념에 재워 놓으면 맛은 있으나 물기가 생겨 양념 맛이 약해진다.

● 오삼불고기 세팅하기

1. 오삼불고기 팬에 삶은 콩나물을 담고, 각종 야채를 돌려 담는다.
2. 양념이 된 오삼불고기를 담고, 다진 마늘을 얹는다.
3. 불려 놓은 당면 또는 떡국 떡을 서비스로 제공하기도 한다.

■ 고수의 노하우 포인트
• 냉동 삼겹살을 사용할 경우는 반드시 자연 해동을 시켜서 준비한다.
• 수입 삼겹살이나 냉동 삼겹살일 경우 자연 해동 후 고기에 생강과 정종으로 밑간을 먼저 해 줍니다.
• 오징어는 양념 후 물기가 생기는 경우가 많아 살짝 데쳐 사용할 수 있으며, 생물 오징어를 썰어서 양념에 재우지 않고 삼겹살 양념을 넣고 같이 볶는다.

주삼불고기

주삼불고기 양념 배합비

재료(약 20인분)	중량	원가 산출
소고기 육수	300g	
진간장	70g	
고추장	650g	
고운 일반 고춧가루	100g	
청양고춧가루	50g	
꽃소금	25g	
백설탕	120g	
후춧가루	5g	
다진 마늘	150g	
다진 생강	80g	
소주	100g	
갈은 양파	200g	
굴소스	50g	
조미료	10g	
소고기 분말	10g	
검은 물엿	200g	

주삼불고기 세팅 재료 및 중량

재료(2인분)	중량	원가 산출
양념에 재운 주꾸미	150g	
양념에 재운 삼겹살	150g	
떡국 떡	40g	
대파	50g	
양파채	60g	
청·홍고추	10g	
다진 마늘	10g	
양배추	50g	
주꾸미 양념	20g	
삶은 콩나물	60g	

● 주삼불고기 양념 배합하기

1. 검은 물엿에 소고기 육수(소고기 육수 만드는 법은 175페이지 참조)를 천천히 붓고 거품기로 잘 저어 준다.

2. 어느 정도 물엿이 육수와 배합이 되었으면, 고추장 → 고춧가루 → 굴소스 → 설탕 → 꽃소금을 넣고 거품기로 잘 저어 준 후 설탕이 녹으면 나머지 재료를 넣어서 배합시켜 준다.

3. 24시간 숙성 후 사용하면 양념이 부드러울 수 있으나 매운맛과 단맛이 다소 감소되는 경우가 있다.

4. 손질된 주꾸미와 삼겹살을 각각 별도로 양념에 재워서 6시간 후 사용한다.

● 주꾸미 손질하기

1. 냉동된 주꾸미를 냉장고에서 서서히 자연 해동한다.

2. 먹물을 제거하고 밀가루를 사용하여 주꾸미를 주물러서 깨끗이 씻어 채반에 놓아 물기를 빼 놓는다.

3. 물기가 제거된 주꾸미에 생강즙과 정종을 넣고 주물러 전처리를 해 놓는다.

● 주삼불고기 세팅하기

1. 양념된 주꾸미와 삼겹살을 불고기 팬에 담고, 야채와 떡을 모듬어 담는다.

2. 다진 마늘과 주꾸미 양념을 얹어 준다.

■ 고수의 노하우 포인트

• 주삼불고기는 오삼불고기보다는 다소 매운맛을 강소하는 것이 입맛을 돋우기 한다.

• 고춧가루는 고운 고춧가루를 사용해야 양념이 깊게 스며들 수 있다.

• 냉동 주꾸미는 반드시 생강즙과 정종을 이용하여 전처리를 잘 해야 된다.

고추장제육불고기

고추장제육불고기 양념 배합비		
재료(약 20인분)	중량	원가 산출
진간장	50g	
고추장	850g	
약간 매운 고춧가루	100g	
파인애플즙	70g	
갈아서 만든 배 음료	100g	
백설탕	80g	
후춧가루	2g	
다진 마늘	150g	
다진 생강	50g	
소주	100g	
갈은 양파	100g	
사이다	100g	
굴소스	100g	
조미료	10g	
소고기 분말	10g	
흰 물엿	150g	
소금	12g	
돼지고기	3kg	

고추장제육불고기 세팅 재료 및 중량		
재료(2인분)	중량	원가 산출
양념에 재운 제육고기	300g	
양파채	100g	
대파	50g	
양배추	70g	
불린 당면	50g	
청·홍고추/깻잎	30g	
새송이버섯/팽이버섯	50g	

● 고추장제육불고기 양념 배합하기

1. 흰 물엿과 고추장에 갈아 만든 배 음료와 사이다를 천천히 붓고 거품기로 잘 섞어 준다.
2. 잘 섞인 양념에 고춧가루 / 설탕 / 조미료 / 소고기 분말 / 굴소스를 넣어 섞어준 후 나머지 재료를 넣고 저어 준다.
3. 24시간 숙성된 양념을 제육에 넣고 버무려 12시간 후 사용할 수 있다.

● 고추장제육불고기 세팅하기

1. 팬에 숙성된 제육을 담고, 준비된 야채를 골고루 담아서 제공한다.
2. 제육불고기가 끓고 있을 때 다진 마늘을 첨가시켜 준다.

■ 고수의 노하우 포인트
• 서민적인 음식 중 열 손가락 안에 꼽을 수 있는 메뉴이다.
• 보편적이지만, 다양한 컨셉 설정으로 전문성 있는 메뉴가 될 수 있다.
• 제육의 두께는 컨셉에 따라 각기 달리 할 수 있으나 대략 2mm 정도로 한다.

돼지불고기

돼지불고기 양념 배합비

재료(약 20인분)	중량	원가 산출
생수 또는 끓여서 식힌 물	4kg	
간장	800g	
백설탕	800g	
흰 물엿	100g	
조미료	15g	
검은 후춧가루	10g	
소고기 분말	15g	
갈은 생강즙	40g	
곱게 갈은 양파	50g	
갈은 파인애플즙	50g	
캐러멜소스	10g	
소주	100g	
갈은 마늘	200g	
참기름	별도	

돼지불고기 세팅 재료 및 중량

재료(2인분)	중량	원가 산출
양념에 재운 돼지고기	500g	
(양념 포함)		
양파채	100g	
대파	50g	
양배추	50g	
불린 당면	60g	
청·홍고추/깻잎	30g	
새송이버섯/팽이버섯	50g	
당근채	30g	

● 돼지불고기 양념 배합하기

1. 생수 또는 끓여서 식힌 물에 설탕을 넣고 잘 저어 준다.
2. 소고기 분말가루 → 흰 물엿 → 조미료를 넣어서 거품기로 잘 섞어 주고, 천천히 과일즙과 야채즙을 넣어 저어 준 후, 마지막으로 소주를 넣어 준다.
3. 24시간 동안 양념을 냉장고에 넣고 숙성시킨다.
4. 돼지고기를 넣고 양념에 섞어 약 48시간 숙성시켜서 사용한다.

● 돼지불고기 세팅하기

1. 숙성된 돼지불고기를 양념과 함께 대략 500g 정도 그릇에 담는다.
2. 준비한 각종 야채도 돼지불고기와 함께 담는다.
3. 불고기가 끓고 있을 때 별도의 갈은 마늘과 소비자 취향에 맞게 매운 고춧가루를 넣어 주는 서비스가 필요하다.

■ 고수의 노하우 포인트

• 별도의 육수를 만들지 않고 간단하게 만들 수 있는 양념과 육수를 함께 배입애 보았나.
• 숙성에 따라 맛의 치이기 다르게 느껴질 수 있고 고기 부위에 따라 맛이 약간 달라질 수 있으나, 냉동 돼지고기일 때는 반드시 자연 해동 후 사용한다.

숯불닭갈비

숯불닭갈비 양념 배합비		
재료(닭 약 10마리)	중량	원가 산출
약간 매운 고운 고춧가루	150g	
고추장	400g	
갈은 생강	70g	
갈은 마늘	160g	
소주	120g	
후춧가루	3g	
갈아 만든 배 음료	700g	
간장	60g	
조미료	12g	
요리당	650g	
볶은 소금	5g	
우스타소스	20g	
굴소스	20g	
소고기 분말	5g	

● 숯불닭갈비 양념 배합하기 및 만들기

1. 천일염을 두꺼운 팬에 놓고 은근하게 약 30분 정도 볶아 놓는다.

2. 고추장에 갈아 만든 배 음료를 넣고 고춧가루를 넣어 거품기로 잘 섞이도록 저어 준다.

3. 섞인 양념에 요리당을 넣고, 소고기 분말 → 조미료 → 볶은 소금을 넣고 섞어준 후 나머지 야채즙과 재료들을 섞어서 배합한다.

4. 냉장고에서 24시간 숙성 후 준비된 닭에 차례로 양념을 붓고 재워 놓는다.

5. 양념에 재워 놓은 닭을 24시간 숙성시켜 사용한다.

■ 고수의 노하우 포인트
· 닭은 뼈를 살려서 포를 뜨며 기본 간을 생강술과 맛소금 이니긴 정도 제워 놓는니.
· 숯불이 은근하게 피워 졌을 때 양념에 재워 놓은 닭갈비를 올려 놓고 초벌을 먼저 굽는다. 불의 강·약 조절을 중요시 한다.

주물럭

주물럭 양념 배합비		
재료(고기 약 10kg)	중량	원가 산출
생수	800g	
백설탕	600g	
볶은 소금	90g	
후춧가루	5g	
곱게 간 양파	80g	
갈은 파인애플	80g	
곱게 갈은 배	80g	
정종	20g	

주물럭 세팅 재료 및 중량		
재료(2인분)	중량	원가 산출
주물럭 고기(우둔살)	300g	
다진 마늘	10g	
다진 실파	5g	
참기름	3g	

● 주물럭 양념 배합하기

1. 생수에 백설탕을 넣고 거품기로 잘 섞는다.

2. 볶은 소금을 넣어 섞어 주고, 양파 → 파인애플 → 갈은 배 → 후 춧가루를 넣고 배합한다.

3. 마지막에 정종을 넣고 마무리한다.

4. 주물럭 고기 1kg에 양념은 대략 170g 정도 사용해서 1일 냉장 숙성한다.

● 주물럭 세팅하기

1. 양념된 주물럭 고기 300g에 다진 마늘 10g과 송송 썬 실파 5g, 참기름을 넣고 조물조물 무쳐서 제공한다.

■ 고수의 노하우 포인트
• 주물럭 고기는 담백한 맛을 즐길 수 있다. 하지만 주물럭은 보편성이 부족하므로 적당량을 준비해 놓는다.

우삼겹

우삼겹 양념 배합비

재료(약 20인분)	중량	원가 산출
물	3.5kg	
통양파	120g	
통무	150g	
대파뿌리	250g	
진간장	700g	
정종	130g	
통마늘	60g	
파인애플	200g	
감초	10g	
통후추	3g	
요리당	600g	
설탕	350g	
조미료	15g	
후춧가루	0.2g	
갈은 마늘	120g	
참기름	25g	

우삼겹 세팅 재료 및 중량

재료(2인분)	중량	원가 산출
우삼겹	400g	
우삼겹 양념	100g	
실파	20g	

● 우삼겹 양념 배합하기 및 세팅하기

1. 정량의 물에 통무 / 통마늘 / 통후추 / 대파뿌리 / 진간장 / 감초 / 파인애플 / 요리당을 넣고 은근하게 끓여서 야채의 맛이 충분히 나올 수 있도록 한다. 끓였던 야채와 재료는 체로 건져 낸다.

2. 끓인 양념을 완전히 식히고, 설탕 → 조미료 → 갈은 마늘 → 정종 → 후춧가루를 넣어 잘 섞어 준 후 마지막에 참기름을 넣는다.

3. 접시에 제공량의 우삼겹을 담고, 소스를 위에 담아 실파를 얹어 제공한다.

■ 고수의 노하우 포인트
• 참기름이 첨가된 양념은 긴 시간 숙성 후 빠르게 변질이 오는 경우가 종종 있다.

LA갈비구이

LA갈비구이 양념 배합비		
재료(LA갈비 약 8kg)	중량	원가 산출
생수	200g	
간장	400g	
갈은 양파	50g	
요리당	60g	
흑설탕	300g	
갈은 마늘	200g	
조미료	3g	
갈은 사과	120g	
배즙	150g	
정종	100g	
후춧가루	1g	
참기름	10g	

● LA갈비구이 양념 배합하기

1. 정량의 물에 간장 → 요리당 → 흑설탕 → 조미료를 넣어 거품기로 잘 섞어 준다.

2. 섞여진 양념에 갈은 양파 → 배즙 → 갈은 사과를 넣고 잘 섞어 주고, 나머지 재료와 후춧가루, 정종을 넣고 마지막에 참기름을 넣어 마무리 해 준다.

3. 준비된 LA갈비에 양념을 붓고 24시간 숙성 후 사용한다.

● LA갈비 손질하기와 LA갈비구이 세팅하기

1. LA갈비는 뼈 가루가 많이 붙어져 있다.

2. 계속 물에 담가 두면 맛이 저하되므로, 냉동일 때는 자연 해동을 하고 흐르는 물에 씻어서 채반에 담아 물기를 제거하고 사용한다.

3. LA갈비 1kg에 양념은 대략 150~200g 정도 사용된다.

■ 고수의 노하우 포인트
• 배즙을 사용할 때는 배를 믹서에 갈아서 고운 체에 빚져 국물만 사용한다.
• 많은 양의 배즙을 사용할 때는 국물용 자루에 담아 꼭 짜서 배즙만 사용할 수 있다.

돼지왕갈비구이

돼지왕갈비구이 양념 배합비		
재료(갈비 약 2kg)	중량	원가 산출
물	500g	
진간장	180g	
설탕	120g	
요리당	30g	
저민 마늘	30g	
편생강	50g	
대파뿌리	30g	
통후추	2g	
마른 고추	12g	
통양파	100g	
캐러멜소스	5~7g	
조미료	15g	
감초	3g	
곱게 갈은 깨	10g	
갈은 마늘	35g	
갈은 양파	30g	
후춧가루	0.3g	
생강즙	10g	
소주	50g	

● 돼지왕갈비구이 양념 배합하기 및 만들기

1. 정량의 물에 저민 마늘 / 편생강 / 대파뿌리 / 감초 / 통후추 / 요리당 / 설탕 / 간장 / 마른 고추 / 통양파를 넣고 은근히 끓여서 완전히 식히고, 끓였던 야채와 재료는 건져 내고 양념을 준비한다.

2. 식힌 양념에 갈은 마늘 → 갈은 양파 → 곱게 갈은 깨 → 캐러멜소스 → 후춧가루 → 소주 → 조미료를 넣고 잘 섞이도록 배합한다.

3. 손질된 돼지갈비 1kg에 양념 450g을 붓고 갈비를 말아서 48시간 숙성시킨다.

■ 고수의 노하우 포인트
• 돼지갈비 소스를 만들 때 기본 양념은 끓여서 사용하는 것이 변질을 지연시킬 수 있다.

매운등갈비구이

매운등갈비구이 양념 배합비		
재료(등갈비 약 7kg)	중량	원가 산출
생수	1kg	
고추장	220g	
갈은 생강	35g	
갈은 마늘	100g	
소주	100g	
고운 청양고춧가루	120g	
통후추 빻은 것	3g	
조미료	7g	
요리당	250g	
볶은 소금	5g	
매운맛 소스	2g	
핫 칠리소스	100g	
갈은 파인애플	50g	
해선장	30g	
설탕	100g	
간장	20g	

● 매운등갈비구이 양념 배합하기

1. 정량의 생수에 고추장과 고춧가루를 넣고 거품기로 배합을 한다.
2. 배합된 양념에 요리당 → 설탕 → 조미료 → 볶은 소금 → 통후추 빻은 것을 넣고 배합한다.
3. 다시 배합된 양념에 나머지 양념들을 넣어 골고루 섞이도록 배합한다.
4. 양념을 완전히 밀폐시키고, 냉장고에 24시간 숙성시켜 사용한다.

● 등갈비 손질하기와 매운등갈비구이 만들기

1. 등갈비는 손질 방법이 각각 다르다.
2. 냉동 등갈비일 때는 찬물에 담가 계속 물을 번갈아 주고, 완전히 해동이 된 상태에서 사용한다.
3. 해동된 등갈비는 생강즙과 소주 / 키위즙에 숙성을 시켜 놓는다.(24시간)
4. 숙성된 등갈비는 1차 초벌구이를 하고, 2차 구이 때 숙성된 양념을 발라 가면서 구이를 한다.

■ 고수의 노하우 포인트
• 등갈비는 선저리 과정을 잘 해 놓으면 부드러우면서도 질감이 좋은 구이로 다양하게 늘길 수 있니,
• 등갈비의 얇은 막을 제거하고 칼집을 넣어 사용하면 양념이 깊게 침투된다.

떡갈비구이

떡갈비구이 양념 배합비

재료(다진 고기 약 8kg)	중량	원가 산출
물	100g	
간장	300g	
갈은 배	100g	
갈은 사과	50g	
정종	50g	
참기름	100g	
다진 마늘	100g	
다진 파	50g	
곱게 다진 양파	60g	
조미료	10g	
요리당	150g	
곱게 갈은 참깨가루	40g	
다진 생강	10g	
후춧가루	10g	
볶은 소금	2g	

떡갈비구이 세팅 재료 및 중량

재료(3~4인분)	중량	원가 산출
소고기 다짐육	600g	
찹쌀가루	30g	
잣소금	30g	

● 떡갈비구이 양념 배합하기

1. 물과 간장 / 요리당을 넣고 바글바글 끓여서 충분히 식힌다.
2. 식힌 양념 1번에 갈은 배 → 갈은 사과 → 다진 마늘 → 곱게 다진 양파 → 다진 생강 → 조미료를 넣고 잘 섞이게 배합한다.
3. 배합된 양념에 곱게 갈은 참깨가루 / 후춧가루를 넣고 섞은 후, 양념을 24시간 숙성시킨다.
4. 숙성된 양념을 다진 고기에 섞기 전 양념에 분량의 참기름을 섞는다.

● 떡갈비구이 만들기 및 세팅하기

1. 한우 갈비살의 기름을 제거하고 등심과 함께 곱게 다진다.
2. 고기 100g당 찹쌀가루 약 3g 정도 넣고 숙성 양념 15g 정도를 넣어 둥글 납작하게 원형을 잡아 6시간 정도 숙성시킨다.
3. 참숯에 떡갈비를 은근히 구워 줄 때 중간쯤 양념장을 살짝 한 번 더 발라서 굽는다.
4. 다 익은 떡갈비를 꺼내 잣소금(잣의 고깔을 떼어 내고 종이에 곱게 다진 것)을 뿌려 제공한다.

■ 고수의 노하우 포인드
• 배즙을 만들 때 흔히들 물을 붓고 믹서에 갈아서 사용하는 경우가 종종 있으나, 떡갈비 만들 때에는 물을 사용하지 않고 배를 강판에 갈아서 사용하면 더 좋다.

불닭발구이

불닭발구이 양념 배합비

재료(약 10인분)	중량	원가 산출
생수	300g	
고추장	400g	
갈은 생강	60g	
갈은 마늘	200g	
소주	200g	
청양고춧가루	100g	
조미료	10g	
요리당	100g	
매운맛 소스	3g	
굴소스	100g	
갈은 키위	100g	
소고기 엑기스	50g	
설탕	50g	
간장	50g	
갈은 양파	100g	
식용 목초액	2g	
통후추 갈은 것	3g	
소금	7g	
소고기 분말	20g	

닭발 전처리 양념 배합비 및 불닭발구이 세팅 재료 및 중량

재료	중량	원가산출
닭발	5kg	
소주	200g	
밀가루	150g	
저민 생강	50g	
저민 마늘	70g	
커피가루	5g	
월계수잎	5g	
통후추	10g	
된장	100g	
무	100g	
물	7kg	
청양고추	5g	
실파	5g	
통깨	3g	

● 불닭발구이 양념 배합하기

1. 정량의 생수에 고추장과 간장/고춧가루를 잘 섞이게 배합한다.

2. 배합된 1번의 양념에 소고기 분말과 조미료를 넣어서 배합하고, 설탕 → 요리당 → 갈은 생강/갈은 마늘/갈은 키위/통후추 갈은 것 → 굴소스 → 소고기 엑기스 → 식용 목초액 → 매운맛 소스 → 소주를 넣어 배합한다.

3. 통에 양념을 담아 공기가 통하지 않게 밀폐를 시켜 24시간 숙성시킨다.

● 닭발 손질하기와 불닭발구이 만들기 및 세팅하기

1. 껍질을 벗긴 닭발을 밀가루로 주물러 깨끗이 씻는다.

2. 냄비에 닭발을 담고 저민 생강/월계수잎/통후추/커피/저민 마늘/무/된장을 풀어서 닭발을 삶는다.

3. 닭발이 끓고 있을 때 소주를 한 병 정도 붓고 삶아 건져 식힌다.

4. 식힌 닭발에 숙성된 양념을 붓고 한 번 더 숙성시킨다.

5. 얇은 팬을 사용하여 불닭발구이로 할 수도 있고, 석쇠를 이용한 직화로 구이를 할 수도 있다.

6. 불닭발을 구운 후 청양고추, 실파/통깨를 뿌려서 담아 낸다.

■ 고수의 노하우 포인트

• 양념은 숙성 기간이 오래 될수록 변질이 오고, 매운맛과 단맛이 저하된다.

• 일부에서는 보존제를 사용하기도 하나 권장할 사항은 아니다.

오돌뼈구이

오돌뼈구이 양념 배합비

재료(약 20인분)	중량	원가 산출
생수	150g	
진간장	50g	
고추장	300g	
매운 고춧가루	100g	
갈은 키위	50g	
콜라	100g	
백설탕	80g	
후춧가루	2g	
다진 마늘	100g	
다진 생강	50g	
소주	100g	
갈은 양파	200g	
굴소스	50g	
조미료	10g	
소고기 분말	10g	
요리당	100g	
소금	10g	

오돌뼈구이 세팅 재료 및 중량

재료(2인분)	중량	원가 산출
양념된 오돌뼈	400g	
양파채	50g	
실파	20g	
양배추	60g	
청·홍고추	15g	
참기름	약간	

● 오돌뼈구이 양념 배합하기

1. 정량의 생수와 콜라에 간장 / 고추장과 고춧가루 / 소고기 분말 / 조미료를 넣고 잘 섞이게 배합한다.
2. 배합된 1번 양념에 요리당 → 설탕 → 갈은 양파 → 다진 마늘 → 다진 생강 → 굴소스 → 후춧가루를 넣고 충분히 배합을 시킨 후 소주를 붓고 마무리 배합을 한다.
3. 24시간 정도 숙성시켜 양념이 부드럽게 어우러지게 한다.
4. 준비된 오돌뼈에 숙성시킨 양념을 붓고 6시간 정도 숙성 후 사용한다.

● 오돌뼈구이 만들기 및 세팅하기

1. 냉동된 오돌뼈를 사용할 때는 반드시 자연 해동 후 사용한다.
2. 자연 해동된 오돌뼈에 생강즙과 소주를 넣고 주물러 전처리하고 잡내를 제거한다.
3. 숙성된 양념을 오돌뼈와 섞어서 6시간 정도 숙성시킨다.
4. 준비된 야채와 오돌뼈를 얇은 팬에 볶듯이 구이를 한다.
5. 완성된 오돌뼈에 청·홍고추와 실파를 송송 뿌려서 제공한다.

■ 고수의 노하우 포인트
• 양념에 숙성된 오돌뼈를 석쇠에 지화로 구워 맛과 향이 어울리는 메뉴가 될 수 있으며, 시각적 컨셉에 맞는 메뉴로 구성할 수 있다.

돼지껍데기구이

돼지껍데기구이 양념 배합비		
재료(약 30인분)	중량	원가 산출
물	1kg	
저민 생강	50g	
통마늘	70g	
다시마	5g	
정종	200g	
조미료	15g	
검은 물엿	150g	
대추	30g	
간장	300g	
통후추	6g	
감초	3g	
설탕	100g	
정향	2개	
마른 고추	5g	
후춧가루	0.3g	
고운 고춧가루	4g	
식용 목초액	1g	

● 돼지껍데기구이 양념 배합하기

1. 정량의 물에 저민 생강 / 통마늘 / 다시마 / 정종 / 조미료 / 검은 물엿 / 대추 / 간장 / 통후추 / 감초 / 설탕 / 정향 / 마른 고추를 넣고 센불 / 중불 / 약불로 은근히 끓여서 위 재료가 약 60% 정도 남을 때까지 끓여서 식힌다.

2. 체로 식재료들을 건져 내고, 고춧가루 / 후춧가루 / 식용 목초액을 섞어서 24시간 숙성시킨다.

● 돼지껍데기 손질하기와 돼지껍데기구이 만들기

1. 돼지껍데기는 끓는 물에 5g 정도의 소금을 넣고 약 30초 정도 데쳐서 찬물에 헹군다.

2. 키위즙과 생강즙, 소주를 섞어서 데친 돼지껍데기를 넣고 무친 후 약 6시간 정도 숙성시킨다.

3. 숙성시킨 돼지껍데기에 양념을 붓고 24시간 숙성 후 사용할 수 있다.(돼지껍데기 5kg에 키위즙 100g과 소주 1병, 생강즙 200g이 사용된다.)

■ 고수의 노하우 포인트
• 돼지 등쪽의 돼지껍데기는 딱딱하고 먹기 힘들다. 맛있는 부위는 암돼지 배쪽이쪽이 가장 좋다.

키조개양념구이

키조개양념구이 양념 배합비		
재료(키조개 약 50개 분량)	중량	원가 산출
와인 또는 소주	100g	
고추장	150g	
고춧가루	100g	
간장	30g	
요리당	60g	
생강즙	30g	
다진 마늘	100g	
후춧가루	0.5g	
조미료	5g	
토마토케첩	100g	
소금	8g	

키조개양념구이 세팅 재료 및 중량		
재료(키조개 1개)	중량	원가 산출
키조개	1개	
청·홍고추	5g	
모짜렐라치즈	10g	
다진 양파	5g	

● 키조개양념구이 양념 배합하기

1. 와인 또는 소주에 고춧가루와 고추장이 섞이도록 배합을 시킨다.

2. 배합된 양념에 요리당 → 다진 마늘 → 생강즙 → 조미료 → 간장 → 토마토케첩 → 후춧가루를 넣고 섞는다.

3. 10시간 정도 숙성시킨다.

● 키조개양념구이 만들기 및 세팅하기

1. 키조개는 한 쪽을 떼어 내서 관자와 살을 발라 낸다.

2. 먹기 좋게 관자와 살을 잘라 준다.

3. 숙성된 양념을 약 20g 정도 넣고 청·홍고추 / 모짜렐라치즈를 얹고 제공한다.

■ 고수씨 노하우 포인트

• 키조개 자체에 물기가 있으므로 양념이 숙성을 거치면서 약간의 되직힘을 느낄 수 있도록 양념을 배합하게 했다.

닭한마리바비큐구이

닭한마리바비큐구이 양념 배합비		
재료(닭 약 10마리)	중량	원가 산출
물	1.3kg	
진간장	300g	
후춧가루	1.5g	
굴소스	50g	
소주	100g	
검은 물엿	100g	
백설탕	150g	
조미료	5g	
물녹말	5g	
핫 칠리소스	50g	
갈은 생강	10g	
갈은 마늘	20g	
갈은 양파	35g	
갈은 파인애플	30g	
스테이크소스	100g	
매실액	50g	
고추장	250g	
고운 고춧가루	50g	
소고기 분말	20g	

● 닭한마리바비큐구이 양념 배합하기

1. 정량의 물에 검은 물엿/간장/조미료/설탕/고추장/소고기 분말을 넣고 끓이다가 물녹말을 넣는다.
2. 1번의 끓인 양념을 충분히 식힌다.
3. 식힌 양념에 갈은 양파 → 갈은 생강 → 갈은 마늘 → 갈은 파인애플을 넣고 배합한다.
4. 배합된 양념에 스테이크소스 → 매실액 → 핫 칠리소스 → 굴소스 → 소주를 붓고 배합한다.
5. 잘 섞인 양념은 밀폐 후 냉장 숙성 12시간을 기본으로 한다.

● 닭 전처리하기와 닭한마리바비큐구이 만들기

1. 닭은 생닭을 8조각으로 나누고, 각각 염지제를 사용하여 12~24시간 염지한다.
2. 염지된 닭을 꺼내서 채반에 담아 물기와 불순물을 제거하고, 오븐 또는 숯불에 구이를 한다.
3. 구이가 된 닭을 얇은 팬에 담아 바비큐 양념을 넣고 센불에 한 번 더 구이를 한 후 제공한다.

■ 고수의 노하우 포인트
• 텀블러로 염지하는 방법이 있으니 개인 매장에서는 인시제를 사용히는 방법이 있다.
• 닭을 조각 내서 염지힐 때는 시간에 수의한다.(12시간 정도)
• 염지제 비율은 염지제 20g / 물 2kg 정도이다.

데리야끼등갈비구이

데리야끼등갈비구이 양념 배합비

재료(등갈비 약 3kg)	중량	원가 산출
물	2kg	
진간장	400g	
저민 생강	40g	
통마늘	70g	
통후추	2g	
소주	200g	
검은 물엿	550g	
감초	15g	
물녹말	30g	

데리야끼등갈비구이 2차 양념 배합비

재료(등갈비 약 3kg)	중량	원가 산출
갈은 마늘	25g	
스테이크소스	50g	
갈은 생강즙	20g	
갈은 파인애플	20g	
갈은 양파	20g	
조미료	10g	

● 데리야끼등갈비구이 양념 배합하기

1. 정량의 물을 붓고 감초 / 저민 생강 / 통마늘 / 간장 / 검은 물엿 / 통후추를 넣고 은근히 끓인 후, 물녹말을 넣고 한소끔 끓여 체에 걸러 놓는다.

2. 완전히 식힌 양념에 2차 배합을 한다.

3. 갈은 생강 → 갈은 마늘 → 갈은 양파 → 갈은 파인애플 → 스테이크소스 → 조미료 → 소주를 붓고 배합한다.

4. 밀폐 용기에 담아 24시간 숙성 후 사용한다.

● 등갈비 손질하기와 데리야끼등갈비구이 만들기

1. 등갈비에 따라 손질 방법이 각각 다르다.

2. 냉동 등갈비일 때는 찬물에 담가 계속 물을 번갈아 주고 완전히 해동이 된 상태에서 사용한다.

3. 해동된 등갈비는 생강즙과 소주 / 키위즙에 재워 숙성시켜 놓는다.(24시간)

4. 숙성된 등갈비를 1차 초벌 구이를 하고, 2차 구이 때 숙성된 데리야끼소스를 3번 이상 발라 가며 구이를 한다.

■ 고수의 노하우 포인트
• 등갈비의 얇은 막을 제거하고 칼집을 넣어 양념에 재워 놓으면 양념이 스며들어 부드러운 맛을 느낄 수 있다.

닭꼬치구이

닭꼬치구이 양념 배합비

재료(꼬치 약 50개)	중량	원가 산출
물	500g	
간장	500g	
백설탕	150g	
검은 물엿	250g	
갈은 생강	40g	
고추기름	20g	
조미료	10g	
소주	100g	
통후추	3g	
후춧가루	0.5g	

닭꼬치구이 세팅 재료 및 중량

재료(꼬치 5개 정도)	중량	원가 산출
가슴살	200g	
다리살	200g	
대파	200g	
떡볶이 떡	100g	

● 닭꼬치구이 양념 배합하기

1. 냄비에 정량의 물을 붓고, 간장/설탕/검은 물엿/통후추/조미료를 넣고 바글바글 끓여서 졸인다.
2. 졸인 양념을 식히고, 갈은 생강 → 후춧가루 → 고추기름 → 소주를 섞는다.
3. 2시간 정도 숙성 후 사용할 수 있다.

● 닭 손질하기와 닭꼬치구이 만들기

1. 닭의 가슴살과 다리살을 크기에 맞게 자른다.
2. 대파/떡도 길이에 맞게 자른다.
3. 자른 닭살에 정종/후춧가루/생강즙/우유를 넣고 무친 후 6시간 숙성한다.
4. 꼬지에 닭을 위주로 대파와 떡을 끼워서 준비한다.
5. 그릴에 양념을 여러 번 발라 가면서 구워 준다.

■ 고수의 노하우 포인트
• 그릴이 없을 경우 팬에 초벌을 하고 양념을 넣어 졸이듯이 구이를 할 수도 있다.

황태구이

황태구이 양념 배합비

재료(황태 약 20마리)	중량	원가 산출
생수	200g	
고추장	600g	
매실액	20g	
소주	100g	
통깨	15g	
갈은 마늘	150g	
갈은 생강	80g	
후춧가루	0.1g	
설탕	120g	
요리당	100g	
포도잼	20g	
검은 물엿	50g	
진간장	150g	
조미료	5g	
참기름	40g	
고춧가루	100g	

황태구이 세팅 재료 및 중량

재료(1인분)	중량	원가 산출
황태	1마리	
실파	5g	
통깨	3g	

● 황태구이 양념 배합하기

1. 정량의 생수에 고추장을 넣고 거품기로 잘 배합한다.
2. 배합된 양념에 갈은 마늘과 생강을 넣고 검은 물엿 / 요리당을 넣고 섞어 준다.
3. 포도잼과 매실액을 섞어 주고 설탕 / 조미료를 첨가하고 후추와 통깨 / 소주를 섞어 준다.
4. 밀폐 용기에 담아 24시간 숙성한다.
5. 숙성된 양념에 분량의 참기름을 섞어 준다.

● 황태 손질하기

1. 황태에 있는 잔 가시를 제거해 준다.
2. 물에 살짝 담가 황태가 부드럽게 되도록 준비한다.
3. 황태에 유장(참기름 30g / 간장 10g)을 섞어서 1차 초벌을 한다.
4. 숙성된 황태 양념장을 바르고, 6시간 숙성 후 구이로 사용한다.

● 황태구이 만들기 및 세팅하기

1. 양념에 숙성된 황태를 석쇠 또는 오븐을 이용하여 양념을 발라 가면서 은근히 구이를 한다.
2. 또 다른 방법은 팬에 식용유를 넣고 튀기듯이 구이를 하는 방법도 있다.
3. 완성된 황태구이를 접시에 담고, 송송 썰어 놓은 실파와 통깨를 얹어 낸다.

■ 고수의 노하우 포인트
• 양념에 숙성시킨 황태 사용은 3일을 넘기지 않는다.
• 숙성된 양념도 5일 후 사용하면 맛이 밋밋하게 변한다.

장어구이

장어구이 양념 배합비

재료(약 40마리)	중량	원가 산출
물	1.5kg	
편생강	120g	
통마늘	100g	
다시마	10g	
정종	300g	
조미료	10g	
황물엿	250g	
대추	5g	
간장	400g	
통후추	10g	
감초	15g	
정향	4개	
흑설탕	150g	
고추씨	10g	
대파뿌리	30g	
산초가루	0.2g	
통양파	100g	
진피	10g	
장어뼈	100g	

장어 구이 세팅 재료 및 중량

재료(1인분)	중량	원가 산출
장어	1마리	
생강채	5g	

● 장어구이 양념 배합하기

1. 장어뼈는 흐르는 물에 담가 핏물을 완전히 제거하고, 살짝 소주를 붓고 한소끔 끓여서 준비한다.

2. 정량의 물에 다시마를 담가 24시간 우려 내고, 다시마는 건져 버린다.

3. 2번의 다시마 우린 물에 장어뼈를 넣고 분량의 간장 / 황물엿 / 흑설탕 / 통후추 / 정향 / 진피 / 감초 / 대추 / 편생강 / 통마늘 / 통양파 / 대파뿌리 / 고추씨를 넣고 은근히 오래 다리다가 중간쯤 정종을 붓는다.

4. 약 50% 정도 다려진 양념에 사용된 식재료를 체로 건져 내고, 완전히 식혀 준비한다.

5. 식힌 양념에 산초가루를 넣어서 배합시킨다.

6. 밀폐 용기에 담아 2일 정도 숙성시킨다.

● 장어구이 만들기 및 세팅하기

1. 손질된 장어의 핏기가 없도록 깨끗이 손질해 준다.

2. 손질된 장어를 은근히 구워 가면서 숙성된 양념을 발라 가며 구워 준다.

3. 장어구이에는 생강채를 만들어 제공한다.

■ 고수의 노하우 포인트

• 장어구이 양념은 숙성된 양념에 다시 다린 양념을 섞는 방식으로 씨앗 양념을 만들어 계속 사용하며, 그 매장만의 노하우를 만들 수 있다.

닭모래집마늘구이

닭모래집마늘구이 양념 배합비

재료(약 20회 제공량)	중량	원가 산출
물	1.2kg	
진간장	500g	
흑설탕	50g	
요리당	70g	
고추씨	10g	
통후추	3g	
대파뿌리	10g	
편생강	50g	
편마늘	20g	
소주	100g	
조미료	10g	

닭모래집마늘구이 세팅 재료 및 중량

재료(2~3인분)	중량	원가 산출
닭모래집	150g	
밀가루	50g	
굵은 소금	10g	
통마늘	20g	
볶은 은행	10g	
굵은 대파	30g	
청·홍고추	10g	
참기름	5g	
소주	5g	

● 닭모래집마늘구이 양념 배합하기

1. 정량의 물에 대파뿌리와 통후추/고추씨를 넣고 약 3시간 정도 담가 놓는다.
2. 준비한 1번의 물에 편생강/편마늘/흑설탕/요리당/진간장/조미료를 넣고 은근히 졸여 준다.
3. 반쯤 졸여진 양념에 소주를 붓고 한소끔 끓여 준다.
4. 사용했던 식재료는 건져 낸다.
5. 밀폐 용기에 담아 숙성시켜 사용한다.

● 닭모래집 손질하기

1. 닭모래집은 굵은 소금으로 박박 주물러서 이물질을 제거하고, 밀가루를 넣어 다시 한 번 더 주물러서 잡내를 제거시켜 놓고, 깨끗이 씻어 놓는다.
2. 냄비에 물을 붓고 된장 30g을 풀어 넣은 후, 손질한 닭모래집을 넣고 소주를 붓고 자박자박하게 삶아 준비한다.

● 닭모래집마늘구이 만들기 및 세팅하기

1. 얇은 팬에 식용유를 살짝 넣고 손질된 닭모래집과 통마늘을 넣고 굽다가 소주를 넣는다.
2. 닭모래집이 노릇노릇하게 구워졌을 때 대파를 넣어 한 번 더 굽고 숙성된 양념을 넣어 준다.
3. 준비한 은행/청·홍고추를 넣고 참기름을 넣어 마무리한다.

■ **고수의 노하우 포인트**

• 삶은 닭모래집은 오래 보관하는 것이 어렵다.
• 2일 이상 보관을 할 때는 공기가 통하지 않는 밀폐 비닐에 생강즙과 소주/월계수잎 한 장을 넣고 보관한다.

안동찜닭

안동찜닭 양념 배합비

재료(약 10인분)	중량	원가 산출
물	400g	
진간장	400g	
굴소스	10g	
고운 고춧가루	30g	
소고기 분말	30g	
검은 물엿	400g	
편생강	60g	
통마늘	60g	
고추씨	10g	
조미료	10g	
흑설탕	100g	
꽃소금	10g	
요리당	500g	
파인애플즙	50g	
갈은 마늘	30g	
갈은 생강	10g	
후춧가루	0.5g	
캐러멜소스	5g	
소주	100g	

안동찜닭 세팅 재료 및 중량

재료(3~4인분)	중량	원가 산출
닭	600g~	
양파	70g	
대파	30g	
납작 당면	100g	
당근	20g	
삶은 감자	100g	
태국고추	5g	
통깨	3g	
참기름	5g	

● 안동찜닭 양념 배합하기

1. 정량의 물에 진간장 / 고추씨 / 흑설탕 / 요리당 / 검은 물엿 / 통마늘 / 편생강 / 소고기 분말 / 조미료를 넣고 약 30분 끓인 후, 소주를 붓고 한소끔 끓여서 식혀 재료를 걸러 낸다.
2. 식힌 양념에 분량의 꽃소금 / 캐러멜소스 / 파인애플즙 / 갈은 생강 / 갈은 마늘 / 후춧가루 / 굴소스를 넣고 잘 섞이도록 배합시킨다.
3. 12시간 정도 숙성시킨 후 사용한다.

● 안동찜닭 재료 손질하기와 만들기 및 세팅하기

1. 닭은 16조각 정도 토막을 내서 깨끗이 씻어 놓는다.
2. 납작 당면은 더운물에 충분히 불려 놓는다.
3. 감자는 두껍고 납작하게 썰어서 삶아 놓는다.
4. 당근은 어슷하고 넓게 썰어 놓는다.
5. 양파는 두껍게 채로 썰어서 놓고, 대파도 5cm 정도 길이로 반 갈라 썰어 놓는다.
6. 숙성된 양념에 씻어 놓은 닭을 넣고 압력솥을 이용하여 약 10분 정도 삶아 놓는다.
7. 팬에 기름을 살짝 두르고 태국고추를 넣어 볶아준 후, 양념에 삶아 놓은 닭을 넣고 끓인다.
8. 중간에 준비한 납작 당면을 넣고 야채를 넣는다.
9. 한소끔 끓으면, 참기름을 넣고 접시에 담아 통깨를 뿌려 제공한다.

■ 고수의 노하우 포인트
• 양념에 끓여 놓은 닭은 간이 잘 배어서 맛이 좋지만, 주의할 점은 재고 관리 부분이다.

통큰낙지찜

통큰낙지찜 양념 배합비

재료(약 20인분)	중량	원가 산출
생수	2kg	
갈은 사과	700g	
갈은 양파	1kg	
갈은 생강	150g	
갈은 마늘	400g	
정종	250g	
간장	350g	
요리당	100g	
일반 고춧가루	300g	
매운 청양고춧가루	700g	
조미료	20g	
소고기 분말	30g	
굴소스	100g	
고추장	80g	
크림 수프	20g	
꽃소금	70g	
후춧가루	1g	

통큰낙지찜 세팅 재료 및 중량

재료(2~3인분)	중량	원가 산출
굵은 낙지	3마리	
홍합	10개	
칵테일 새우	10개	
찐 콩나물	500g	
미나리	30g	
정종	30g	
물녹말	20g~	
실파	약간	
통깨	약간	
참기름	5g	

● 통큰낙지찜 양념 배합하기

1. 생수에 고춧가루와 고추장/요리당/소고기 분말/조미료/갈은 사과를 섞어 놓는다.

2. 풀어 놓은 양념에 크림 수프/꽃소금/갈은 마늘/갈은 양파/갈은 생강 외 분량의 재료를 배합시킨다.

3. 밀폐 용기에 담아 48시간 숙성시켜 사용한다.

● 낙지 손질하기와 통큰낙지찜 만들기 및 세팅하기

1. 낙지는 주로 뻘에서 잡아서 사용하기 때문에 보이지 않는 곳에 뻘 흙이 있을 수 있으므로 굵은 소금과 밀가루를 넣어 주물러 가며 뻘 흙을 깨끗이 제거시킨다.

2. 끓는 물에 소주를 넣고 씻어 놓은 통낙지를 살짝 삶아 빠르게 건진다.

3. 콩나물은 머리를 제거하고 찜통에 찐 후 찬물에 담가 놓아 아삭함을 유지하고, 물에 담가 놓을 때는 반드시 물은 찬물로 갈아가면서 1시간 넘게 담가 놓지 않는다.

4. 홍합도 살짝 삶아 놓는다.

5. 팬에 콩나물과 숙성된 양념을 넣고 볶듯이 끓이다가, 삶아 놓은 홍합을 넣고 칵테일 새우를 넣은 후, 삶아 놓은 통낙지를 넣고 정종을 붓고 양념과 섞이도록 살짝 볶다가, 미나리를 넣고 물녹말을 넣어 한 번 끓이고, 농도가 맞으면 참기름을 넣고 마무리한다.

6. 완성된 음식은 접시 또는 팬에 담고, 통깨와 실파를 뿌려 제공한다.

■ 고수의 노하우 포인트
- 통큰낙지찜은 컨셉 자체가 통큰이라는 말 대로 통낙지를 사용하는 것이 좋다.
- 낙지가 질겨지지 않고 부드럽게 만드는 것이 포인트이다.

아귀찜

아귀찜 양념 배합비

재료(약 20인분)	중량	원가 산출
생수	2.2kg	
갈은 사과	200g	
갈은 양파	1kg	
갈은 생강	150g	
갈은 마늘	450g	
정종	300g	
간장	350g	
요리당	70g	
일반 고춧가루	700g	
매운 청양고춧가루	300g	
조미료	20g	
소고기 분말	30g	
굴소스	100g	
된장	40g	
고추장	30g	
꽃소금	60g	
후춧가루	1g	
소고기 엑기스	20g	

아귀찜 세팅 재료 및 중량

재료(2~3인분)	중량	원가 산출
생아귀	1마리	
홍합	10개	
칵테일 새우	10개	
찐 콩나물	300g	
미나리	30g	
정종	30g	
물녹말	20g~	
청·홍고추	약간	
통깨	약간	
참기름	5g	

● 아귀찜 양념 배합하기

1. 생수에 고춧가루와 고추장/된장/요리당/소고기 분말/조미료 /갈은 사과를 잘 풀어 놓는다.
2. 풀어 놓은 양념에 꽃소금/갈은 마늘/갈은 양파/갈은 생강 외 분량의 재료를 배합시킨다.
3. 밀폐 용기에 담아 48시간 숙성시켜 사용한다.

● 아귀찜 재료 손질하기와 만들기 및 세팅하기

1. 아귀를 먹기 좋게 토막을 낸다.
2. 냄비에 물을 붓고 끓으면, 토막 낸 아귀를 넣고 소주를 부어 살 짝 삶아 건진다.
3. 콩나물은 머리를 제거하고 찜을 해서 찬물에 담가 건져 물기를 제거한다.
4. 팬에 아귀와 숙성된 양념을 넣고 볶듯이 끓이다가, 정종을 넣 고 홍합/찐 콩나물을 넣어 끓인다.
5. 칵테일 새우와 미나리를 넣고 물녹말을 넣어 농도를 맞춘 후, 참기름을 넣고 그릇에 담는다.
6. 통깨를 뿌리고 청·홍고추를 살짝 얹어 내기도 한다.

■ 고수의 노하우 포인트
• 냉동 아귀는 반드시 자연 해동을 한다.
• 자연 해동된 아귀는 잘라서 전처리로 생강즙과 정종에 버무려 놓는다.
• 냉동 아귀일수록 전처리를 꼼꼼히 한다.

꽃게범벅

꽃게범벅 양념 배합비

재료(약 20인분)	중량	원가 산출
생수	2kg	
갈은 배	300g	
갈은 양파	800g	
갈은 생강	150g	
갈은 마늘	300g	
소주	250g	
간장	350g	
요리당	120g	
일반 고춧가루	800g	
매운 청양고춧가루	200g	
조미료	20g	
소고기 분말	20g	
굴소스	100g	
매실액	40g	
고추장	100g	
꽃소금	60g	
후춧가루	1g	

꽃게범벅 세팅 재료 및 중량

재료(2~3인분)	중량	원가 산출
꽃게	3~4마리	
홍합	10개	
칵테일 새우	10개	
찐 콩나물	300g	
미나리	30g	
소주	30g	
물녹말	20g~	
청·홍고추	약간	
통깨	약간	
참기름	5g	

● 꽃게범벅 양념 배합하기

1. 생수에 고춧가루와 고추장 / 요리당 / 소고기 분말 / 조미료 / 갈은 배를 잘 풀어 놓는다.
2. 풀어 놓은 양념에 꽃소금 / 갈은 마늘 / 갈은 양파 / 갈은 생강 외 분량의 재료를 배합시킨다.
3. 밀폐 용기에 담아 48시간 숙성시켜 사용한다.

● 꽃게 손질하기와 꽃게범벅 만들기 및 세팅하기

1. 꽃게는 제철이 아니면 대부분 냉동을 사용한다. 냉동 꽃게는 사용 하루 전 냉장고에서 자연 해동을 한다.
2. 자연 해동된 꽃게의 등껍질을 벗겨 모래주머니를 제거한 후 깨끗이 씻는다.
3. 꽃게의 수컷, 암컷 구분되는 앞부분도 제거시킨다.
4. 손질된 꽃게를 먹기 좋게 등분하고, 김이 오른 찜통에 소주를 붓고 살짝 찐다.
5. 팬에 숙성된 양념을 넣고 콩나물을 볶듯이 익히고, 홍합과 칵테일 새우를 넣고 한 번 볶은 후, 찐 꽃게를 넣고 양념이 스며들도록 졸인다.
6. 미나리를 넣고 한 번 섞은 후, 물녹말을 붓고 농도를 맞춘 후 참기름을 넣어 마무리한다.
7. 접시에 담고, 통깨와 청·홍고추를 얹어 담아 낸다.

■ **고수의 노하우 포인트**
- 제철 꽃게도 잡는 지역에 따라 살이 없는 경우가 종종 있다.
- 꽃게를 구입할 때는 반드시 상태를 확인해야 된다.

콩나물해물찜

콩나물해물찜 양념 배합비

재료(약 20인분)	중량	원가 산출
생수	1.5kg	
갈아 만든 배 음료	500g	
갈은 양파	600g	
갈은 생강	100g	
갈은 마늘	250g	
소주	200g	
간장	350g	
요리당	150g	
일반 고춧가루	500g	
매운 청양고춧가루	400g	
조미료	20g	
소고기 분말	30g	
굴소스	100g	
고추장	80g	
해선장	30g	
꽃소금	70g	
후춧가루	1g	

콩나물해물찜 세팅 재료 및 중량

재료(2~3인분)	중량	원가 산출
꽃게	1마리	
홍합	5개	
대하	2개	
가리비	2개	
키조개	작은 것 1개	
미더덕	30g	
조개	중간 크기 6개	
오징어	70g	
낙지	작은 것 1마리	
아구	200g	
찐 콩나물	250~300g	
미나리	60g	
물녹말	약 30g	
참기름	약간	
소수	15g	
통깨	약간	

● 콩나물해물찜 양념 배합하기

1. 생수에 고춧가루와 고추장 / 요리당 / 소고기 분말 / 조미료 / 갈아 만든 배 음료를 넣고 섞는다.
2. 풀어 놓은 양념에 꽃소금 / 갈은 마늘 / 갈은 양파 / 갈은 생강 외 분량의 재료를 배합시킨다.
3. 밀폐 용기에 담아 48시간 숙성시켜 사용한다.

● 해물 손질하기와 콩나물해물찜 만들기 및 세팅하기

1. 생해물은 조개 안에 뻘을 담고 있는 경우가 종종 있으므로 끓는 물에 살짝 데친다.
2. 콩나물은 찜을 해서 찬물에 담가 건져 준비한다.
3. 팬에 양념을 넣고 콩나물을 볶듯이 익히면서 재빠르게 해물과 낙지 / 오징어를 넣고 소주를 넣어 한 번 끓인 후, 미나리를 넣고 물녹말로 농도를 맞춘 후 참기름을 넣고 살짝 버무린 후 마무리한다.
4. 접시에 담아 통깨를 살짝 뿌리고 제공한다.

■ 고수의 노하우 포인트
• 감자녹말을 사용하면 윤기가 흐르고 쫀쫀하며 탄력이 있으나, 시간이 지나면 약간 굳어지는 현상이 생긴다.

오리훈제단호박찜

오리훈제단호박찜 양념 배합비

재료(단호박 약 20통)	중량	원가 산출
갈아 만든 배 음료	250g	
고추장	300g	
요리당	50g	
매실 엑기스	30g	
다진 마늘	100g	
다진 생강	40g	
간장	100g	
소주	50g	
소고기 분말	10g	
다진 청고추	20g	
굴소스	70g	
칠리소스	100g	

오리훈제단호박찜 세팅 재료 및 중량

재료(3~4인분)	중량	원가 산출
단호박	1개	
훈제오리	200g	
양파채	50g	
파프리카	50g	
부추	50g	
고구마	60g	
당근	20g	

● 오리훈제단호박찜 양념 배합하기

1. 갈아 만든 배 음료에 고추장과 소고기 분말 / 요리당을 넣고 거품기로 잘 섞이도록 배합한다.
2. 다진 마늘 / 다진 생강 / 매실 엑기스와 준비된 재료를 넣어 가면서 섞는다.
3. 3시간 정도 숙성 후 사용할 수 있다.

● 오리훈제단호박찜 만들기

1. 단호박을 깨끗이 씻어 김이 오른 찜통에 약 5~7분 정도 찐다.
2. 찐 단호박을 윗부분 뚜껑을 잘라 속을 파서 안을 비워 놓는다.
3. 훈제오리를 썰어서 팬에 볶다가 고구마 / 양파 / 당근 / 파프리카를 넣고 숙성된 양념을 넣고 살짝 볶는다.
4. 속을 비워 놓은 단호박 안에 볶아 놓은 훈제오리와 야채를 담고, 그 위에 부추를 얹어서 김이 오른 찜통에 올려 놓고 약 15분 정도 찐다.

■ 고수의 노하우 포인트
• 모짜렐라치즈를 얹어서 젊은층에 맞는 메뉴로도 구성할 수 있다.

매운양푼갈비찜

매운양푼갈비찜 양념 배합비		
재료(약 20인분)	중량	원가 산출
소고기 육수	800g	
된장	100g	
청양고춧가루	120g	
소고기 분말	20g	
조미료	10g	
설탕	450g	
흰 물엿	800g	
갈은 생강	100g	
고추장	300g	
갈은 마늘	300g	
꽃소금	5g	
갈은 양파	100g	
갈은 파인애플	100g	
굴소스	200g	
후춧가루	7g	
간장	400g	

매운양푼갈비찜 세팅 재료 및 중량		
재료(2~3인분)	중량	원가 산출
삶은 돼지갈비	350g	
삶은 감자	200g	
당근	50g	
양파	100g	
청·홍고추	20g	
대파	40g	
굵은 떡	60g	
갈은 생강	10g	
갈은 마늘	30g	
소주	50g	
고추기름	10g	
생수	600g	

● 매운양푼갈비찜 양념 배합하기

1. 식힌 소고기 육수(소고기 육수 만드는 법은 175페이지 참조)에 된장과 고추장/고춧가루를 서서히 저어 가며 섞어 놓는다.

2. 풀어 놓은 양념에 분량의 재료를 넣어 잘 섞이도록 배합시킨다.

3. 24시간 숙성을 시켜 사용한다.

● 매운양푼갈비찜 만들기 및 세팅하기

1. 돼지갈비는 찬물에 담가 핏물을 완전히 제거한다.

2. 찬물에 통후추와 월계수잎/된장을 넣고 씻어 놓은 돼지갈비를 넣고 한 시간 이상 끓이다가 소주를 붓고 불 조절하며 끓여서 건져 놓는다.

3. 팬에 고추기름을 두르고, 건져 놓은 돼지갈비를 넣고 볶다가 소주를 붓는다.

4. 볶고 있는 돼지갈비에 숙성된 양념을 넣고 육수를 붓고 자박하게 끓이다가, 준비한 야채와 떡을 넣고 한소끔 자박자박하게 졸여 준다.

5. 양푼에 담고 청·홍고추를 얹어 마무리한다.

■ 고수의 노하우 포인트

• 돼지갈비를 삶아 놓고 전처리가 잘못되면 고기 비린내가 난다.

• 반드시 생강즙과 소주를 뿌리고 밀폐용 식용 비닐에 담아 보관한다.

인삼소갈비찜

인삼소갈비찜 양념 배합비

재료(약 10회 제공량)	중량	원가 산출
맑은 육수	1kg	
백설탕	200g	
요리당	100g	
후춧가루	1g	
진간장	400g	
배즙	300g	
양파즙	100g	
파인애플즙	50g	
갈은 마늘	250g	
조미료	5g	
정종	150g	
생강즙	10g	
통깨	20g	

인삼소갈비찜 세팅 재료 및 중량

재료(1회 제공량)	중량	원가 산출
소갈비	1kg	
밤	10개	
대추	10개	
인삼	작은 뿌리 2개	
무	400g	
대파	50g	
양파	200g	
참기름	20g	

● 인삼소갈비찜 양념 배합하기

1. 간이 없는 맑은 육수에 설탕과 요리당을 넣고 섞이도록 저어 준다.
2. 녹여진 양념에 간장과 준비한 재료를 넣고 배합시킨다.
3. 12시간 정도 숙성시켜서 사용한다.

● 소갈비 손질하기와 인삼소갈비찜 만들기 및 세팅하기

1. 토막낸 갈비를 물에 충분히 담가 여러 번 물을 갈아 주고 핏물을 제거한다.
2. 냄비에 갈비를 담고, 갈비만큼의 물을 붓고 월계수잎 한 장과 정종을 붓고 약 30분 정도 갈비를 삶아서 깨끗이 씻어 낸다.
3. 준비한 갈비와 양념을 넣고 처음엔 센불로 30분 끓이다가, 불을 중불로 줄이고 무를 넣는다.
4. 준비한 밤 / 대추 / 인삼 / 양파 / 대파를 넣고 불을 다시 줄이고 은근히 양념을 졸인다.
5. 완성 시 마지막에 참기름을 넣고 마무리한다.

■ 고수의 노하우 포인트
• 갈비찜은 압력솥 없이 불 조절만으로도 연하고 부드러운 찜을 할 수 있다.
• 갈비찜을 할 때 숙성된 양념은 갈비 1kg당 약 400~500g 정도 사용한다.

돼지갈비찜

돼지갈비찜 양념 배합비

재료(약 10회 제공량)	중량	원가 산출
생수	1kg	
백설탕	100g	
요리당	200g	
후춧가루	2g	
진간장	450g	
사과즙	200g	
양파즙	150g	
파인애플즙	100g	
갈은 마늘	300g	
조미료	5g	
소주	100g	
생강즙	40g	
통깨	20g	
카레 분말	5g	
고운 고춧가루	5g	

돼지갈비찜 세팅 재료 및 중량

재료(1회 제공량)	중량	원가 산출
돼지갈비	1kg	
감자	400g	
당근	50g	
대파	100g	
양파	200g	
마른 홍고추	20g	
참기름	20g	
소주	50g	
불린 당면	50g	

● 돼지갈비찜 양념 배합하기

1. 생수 1kg에 고춧가루와 카레 분말을 풀어 놓는다.
2. 설탕과 요리당을 넣고 거품기로 저어 놓는다.
3. 섞여진 양념에 준비된 분량의 재료를 넣고 배합한다.
4. 12시간 정도 숙성 후 사용한다.

● 돼지갈비 손질하기와 돼지갈비찜 만들기 및 세팅하기

1. 토막 낸 돼지갈비를 흐르는 물에 담가 핏물을 완전히 제거한다.
2. 냄비에 제거된 돼지갈비를 담고, 물과 월계수잎 / 소주 / 된장을 풀어서 약 30분 정도 삶아 건진다.
3. 팬에 기름을 넣고 마른 홍고추를 살짝 볶다가, 삶은 돼지갈비를 넣고 소주를 붓고 은근히 볶다가 양념을 넣어 센불에서 30분 끓인다.
4. 중간에 뚜껑을 열고 준비한 감자를 넣어 익힌다.
5. 감자가 중간쯤 익었을 때 양파와 그 외의 야채를 넣고 마지막에 참기름을 넣어 마무리한다.
6. 테이블에 돼지갈비찜을 제공할 때 한 번 더 끓이면서 불린 당면을 첨가시켜 준다.

■ 고수의 노하우 포인트
• 돼지갈비는 감자와 궁합이 잘 맞는 메뉴이다.

매운찜닭

매운찜닭 양념 배합비

재료(약 20인분)	중량	원가 산출
물	1kg	
진간장	3kg	
굴소스	450g	
청양고춧가루	250g	
소고기 분말	15g	
검은 물엿	200g	
편생강	30g	
통마늘	30g	
고추씨	20g	
조미료	10g	
흑설탕	600g	
꽃소금	5g	
요리당	400g	
파인애플즙	50g	
갈은 마늘	300g	
갈은 생강	180g	
후춧가루	10g	
캐러멜소스	5g	
소주	100g	
태국고추	20g	

매운찜닭 세팅 재료 및 중량

재료(3~4인분)	중량	원가 산출
닭	600g~	
양파	70g	
대파	30g	
납작 당면	100g	
당근	20g	
삶은 감자	100g	
태국고추	5g	
통깨	3g	
참기름	5g	

● 매운찜닭 양념 배합하기

1. 정량의 물에 진간장 / 고추씨 / 태국고추 / 흑설탕 / 요리당 / 검은 물엿 / 통마늘 / 편생강 / 소고기 분말 / 조미료를 넣고 약 30분 끓인 후, 소주를 붓고 한소끔 끓여서 식힌 후 체로 걸러 낸다.
2. 식힌 양념에 분량의 꽃소금 / 캐러멜소스 / 파인애플즙 / 갈은 생강 / 갈은 마늘 / 후춧가루 / 굴소스를 넣고 잘 섞이도록 배합시킨다.
3. 12시간 정도 숙성시킨 후 사용한다.

● 매운찜닭 재료 손질하기와 만들기 및 세팅하기

1. 닭은 16조각 정도 토막을 내서 깨끗이 씻어 놓는다.
2. 납작 당면은 더운물에 충분히 불려 놓는다.
3. 감자는 두껍고 납작하게 썰어서 삶아 놓는다.
4. 당근은 어슷하게 썰어 놓는다.
5. 양파는 두껍게 채로 썰어서 놓고, 대파도 5cm 정도 길이로 반 갈라 썰어 놓는다.
6. 숙성된 양념에 씻어 놓은 닭을 넣고, 압력솥을 이용하여 약 10분 정도 삶아 놓는다.
7. 팬에 기름을 살짝 두르고 태국고추를 넣어 볶아준 후, 양념에 삶아 놓은 닭을 넣고 끓인다.
8. 중간에 준비한 납작 당면을 넣고 야채를 넣는다.
9. 한소끔 끓으면 참기름을 넣고, 접시에 담아 통깨를 뿌려 제공한다.

■ 고수의 노하우 포인트
• 베트남 매운 고춧가루를 별도 사용하여 매운맛을 조절할 수 있다.

해물떡찜

해물떡찜 양념 배합비		
재료(약 20인분)	중량	원가 산출
물	200g	
고추장	900g	
검은 물엿	1kg	
소주	180g	
조미료	15g	
요리당	120g	
간장	230g	
소고기 분말	10g	
설탕	90g	
캐러멜소스	6g	
후춧가루	1g	
굴소스	30g	
청양고춧가루	80g	
생강즙	25g	
물녹말	40g	

해물떡찜 세팅 재료 및 중량		
재료(2~3인분)	중량	원가 산출
굵은 떡	200g	
사각 오뎅	100g	
동그란 오뎅	100g	
홍합	100g	
칵테일 새우	100g	
오징어	200g	
절단 꽃게	4조각	
청경채	50g	
홍고추	10g	
양배추	200g	
삶은 달걀	2개	
대파	100g	
생강즙	15g	
소주	20g	
식용유	약간	

● 해물떡찜 양념 배합하기

1. 정량의 물에 고추장 / 고춧가루를 넣고 섞어준 후, 감자 전분을 제외한 재료를 넣고 살짝 끓인다.
2. 끓고 있는 양념에 감자 전분 5g을 넣고 한 번 더 끓여 준다.
3. 12시간 정도 숙성시켜 사용한다.

● 해물떡찜 만들기 및 세팅하기

1. 냉동된 꽃게는 자연 해동을 시키고, 급할 때는 찬물에 담가 건져 준비한다.
2. 팬을 달구어 식용유를 두르고 해물을 넣고 볶다가, 생강즙과 소주를 넣어 잡내를 잡아 준다.
3. 재빠르게 소스를 넣고, 불의 맛이 나도록 센불에 볶는다.
4. 나머지 야채와 떡 / 오뎅 / 삶은 달걀을 넣고, 소스가 자작하게 남아 있으면 마무리한다.
5. 제공할 때는 끓이는 팬에 담고 청경채와 홍고추를 올려서 제공한다.

■ 고수의 노하우 포인트
• 강력한 매운맛을 원할 때는 식용유 대신 고추기름을 사용한다. 주의할 점은 고추기름이 빨리 타기 때문에 숙달이 되었을 때 사용한다.
• 해물의 많은 가짓수보다는 가짓수가 적어도 생물을 큼직하게 사용하는 것이 좋다.

사천해물우동볶음

사천해물우동볶음 양념 배합비

재료(약 7~10인분)	중량	원가 산출
맑은 육수	100g	
굴소스	200g	
간장	100g	
요리당	50g	
매운 고춧가루	100g	
가쯔오부시소스액	20g	
설탕	50g	

사천해물우동볶음 세팅 재료 및 중량

재료(1인분)	중량	원가 산출
오징어	100g	
홍합	3개	
중하	2마리	
숙주	50g	
우동면	200g	
청양고추	2개	
다진 마늘	5g	
정종	15g	
참기름	5g	
가쯔오부시 가루	5g	
식용유	약간	

● 사천해물우동볶음 양념 배합하기

1. 간이 없는 맑은 육수에 고춧가루를 풀어 섞는다.
2. 1번에 준비한 정량의 소스를 넣고 골고루 섞이도록 배합시킨다.
3. 2시간 정도로 숙성시킨다.(숙성 시간이 짧다.)

● 사천해물우동볶음 만들기 및 세팅하기

1. 팬을 달구어 식용유를 넣고 다진 마늘과 고추를 볶다가 해물을 넣는다.
2. 해물을 넣고 정종을 부어 잡내를 제거해 준다.
3. 나머지 야채를 넣고, 숙성된 양념을 넣어 센불에 빠르게 볶아낸다.
4. 마지막에 참기름으로 마무리한다.
5. 접시에 담아서 뜨거울 때 가쯔오부시 가루를 뿌려 마무리한다.

■ 고수의 노하우 포인트
• 가쯔오부시의 살아 움직임을 느낄 수 있도록 뜨거울 때 가쯔오부시를 뿌리고 빠르게 제공한다.

매운홍합볶음

매운홍합볶음 양념 배합비

재료(약 10인분)	중량	원가 산출
맑은 육수	200g	
매운 고춧가루	200g	
다진 마늘	150g	
소주	100g	
흑설탕	50g	
생강즙	50g	
간장	150g	
요리당	50g	
해선장	50g	
조미료	5g	
고추장	200g	
소금	3g	

매운홍합볶음 세팅 재료 및 중량

재료(2~3인분)	중량	원가 산출
홍합	500g	
와인	50g	
청·홍고추	10g	
실파	10g	
참기름	10g	
물녹말	10g~	
고추기름	약간	
태국고추	5g	

● 매운홍합볶음 양념 배합비

1. 냄비에 맑은 육수를 담고 준비한 소주를 제외한 분량의 재료를 넣고 바글바글 끓인다.

2. 끓고 있는 중간에 소주를 넣고 살짝 한번만 끓인다.

3. 밀폐 용기에 담아 냉장 보관한다.

● 매운홍합볶음 만들기 및 세팅하기

1. 김이 오른 찜통에 홍합을 넣고 와인을 뿌려 홍합이 벌어질 정도로 찜을 한다.

2. 팬에 고추기름을 두르고 태국고추를 볶다가, 찜한 홍합을 넣고 만든 양념을 넣어 재빠르게 볶는다.

3. 물기가 생기면 물녹말을 넣고, 마무리 후 참기름을 넣는다.

4. 접시에 담고, 제공 시 실파와 청·홍고추로 세팅한다.

■ 고수의 노하우 포인트

• 냉동 홍합을 사용할 경우 반드시 자연 해동을 거친다.

• 찜을 오래하면 홍합이 질겨질 수 있다.

매운등갈비찜

매운등갈비찜 양념 배합비

재료(약 20인분)	중량	원가 산출
돼지 육수	800g	
매운 고춧가루	400g	
된장	150g	
천일염	50g	
소고기 분말가루	20g	
설탕	40g	
조미료	20g	
후춧가루	2g	
갈은 생강	40g	
갈은 마늘	150g	
소주	200g	
굴소스	100g	
고추장	100g	

매운등갈비찜 세팅 재료 및 중량

재료(2~3인분)	중량	원가 산출
삶은 등갈비	600g	
삶은 감자	200g	
홍고추	20g	
청양고추	20g	
고구마	150g	
양파	200g	
대파	100g	
굵은 떡	40g	
갈은 마늘	30g	
갈은 생강	10g	
소주	30g	

● 매운등갈비찜 양념 배합하기

1. 돼지 육수(돼지 육수 만드는 법은 174페이지 참조)에 된장과 고추장을 잘 섞이도록 풀고 고춧가루를 섞어 놓는다.
2. 풀어 놓은 양념에 정량의 재료를 섞어서 배합시킨다.
3. 12시간 냉장 숙성 후 사용한다.

● 등갈비 손질하기와 매운등갈비찜 만들기 및 세팅하기

1. 등갈비는 찬물에 담가 핏물을 완전히 제거한다.
2. 찬물에 통후추와 월계수잎 / 된장을 넣고 씻어 놓은 등갈비를 넣고 한 시간 이상 끓이다가, 소주를 붓고 불을 조절하며 끓여서 건져 놓는다.
3. 큰 통에 건져 놓은 등갈비를 넣고 숙성된 양념을 첨가한 후, 한 시간 정도 불을 조절해서 끓여 놓는다.
4. 제공 시에는 끓이는 냄비에 준비한 등갈비와 국물을 담고, 삶은 감자, 고구마, 기타 야채를 넣고 한 번 끓여서 제공한다.

■ 고수의 노하우 포인트
• 매운등갈비찜은 끓일수록 깊은 맛이 나온다. 밥도 볶아 먹을 수 있는 메뉴 구성이다.

묵은지김치찜

묵은지김치찜 양념 배합비

재료(약 10인분)	중량	원가 산출
물	1.2kg	
김치 국물	100g	
굵은 고춧가루	20g	
소고기 분말	20g	
설탕	10g	
조미료	15g	
갈은 마늘	30g	
갈은 생강	10g	
사골 육수	500g	
굴소스	80g	
땅콩버터	2g	
후춧가루	2g	

묵은지김치찜 세팅 재료 및 중량

재료(10인분)	중량	원가 산출
묵은지	3kg	
돼지목심	1kg	
두부	150g	
청·홍고추	20g	

● 묵은지김치찜 양념 배합하기

1. 묵은지 양념은 별도의 숙성을 거치지 않고, 정량의 재료를 배합한 후 바로 사용한다.

● 묵은지김치찜 만들기 및 세팅하기

1. 묵은지의 김치 속을 털어 낸다.
2. 통에 양념 배합을 전부 담고, 두툼하게 썰어 놓은 돼지목살을 넣는다.
3. 속을 털어 낸 묵은지를 통째로 얹는다.
4. 뚜껑을 닫고, 센불(30분) / 중불(30분) / 약불(30분)로 뜸들이듯이 끓인다.
5. 제공될 때는 납작한 냄비에 담고, 두부와 청·홍고추로 세팅을 한다.

■ 고수의 노하우 포인트

• 돼지고기는 목살 부위가 맛이 좋다. 냉동 돼지고기 사용 시 자연 해동을 꼭 해야 누릿한 맛을 감소시킬 수 있다.

주꾸미볶음

주꾸미볶음 양념 배합비		
재료(약 20인분)	중량	원가 산출
생수	400g	
고추장	700g	
갈은 생강	140g	
갈은 마늘	450g	
소주	400g	
고운 청양고춧가루	450g	
후춧가루	3g	
조미료	10g	
요리당	150g	
소고기 분말	10g	
양파즙	40g	
굴소스	200g	
갈은 파인애플	50g	
스테이크소스	20g	
설탕	250g	
간장	400g	
일반 고춧가루	450g	
흰 물엿	800g	

주꾸미볶음 세팅 재료 및 중량		
재료(2인분)	중량	원가 산출
주꾸미	300g	
양파	100g	
생콩나물	80g	
대파	40g	
청·홍고추	10g	
깻잎	10g	
갈은 마늘	20g	
당근	20g	
참기름	5g	
통깨	3g	

● 주꾸미볶음 양념 배합하기

1. 생수에 고춧가루와 고추장 / 물엿을 넣고 거품기로 잘 섞이도록 배합한다.
2. 배합된 양념에 준비된 분량의 재료를 넣고 혼합시킨다.
3. 밀폐 용기에 담아 24시간 냉장 숙성 후 사용한다.

● 주꾸미 손질하기와 주꾸미볶음 만들기 및 세팅하기

1. 냉동된 주꾸미는 하루 전날 냉장고에서 자연 해동시킨다.
2. 해동된 주꾸미를 밀가루와 굵은 소금을 넣어 주물러 뻘을 제거하고 깨끗이 씻어 물기를 제거한다.
3. 물기를 제거한 주꾸미를 생강즙과 정종으로 전처리를 해 놓는다.(약 12시간)
4. 숙성된 양념에 주꾸미를 넣고 버무린다.
5. 팬에 생콩나물을 깔아 주고, 양파채 / 대파 / 당근 채 / 깻잎 / 청·홍고추 / 갈은 마늘을 넣고 버무린 주꾸미를 올려 통깨와 참기름을 뿌려 제공한다.

■ 고수의 노하우 포인트
• 주꾸미는 1년에 두 번 정도 제철을 맞고, 제철이 지나면 대부분이 냉동이다.
• 냉동 주꾸미를 사용할 때는 반드시 자연 해동 후 전처리 과정이 중요하다.

무교동낙지볶음

무교동낙지볶음 양념 배합비

재료(약 20인분)	중량	원가 산출
고추장	500g	
간장	100g	
백설탕	150g	
갈은 마늘	150g	
고운 고춧가루	150g	
굵은 고춧가루	150g	
조미료	20g	
소고기 분말	15g	
후춧가루	2g	
생강즙	100g	
소주	150g	
요리당	50g	
양파즙	100g	
새우액젓	50g	
사이다	200g	

무교동낙지볶음 세팅 재료 및 중량

재료(한 접시)	중량	원가 산출
손질 낙지	2마리	
양파	40g	
대파	20g	
삶은 콩나물	40g	
참기름	5g	
통깨	약간	
물녹말	약간	

● 무교동낙지볶음 양념 배합하기

1. 소주와 사이다에 고추장과 고춧가루를 넣고 잘 섞이게 배합한다.
2. 섞여진 1번에 준비된 분량의 재료를 골고루 섞이도록 배합시킨다.
3. 밀폐 용기에 담아서 30시간 이상 냉장 숙성시킨다.

● 낙지 손질하기와 무교동낙지볶음 만들기 및 세팅하기

1. 생물 낙지는 부드러워 굵은 소금으로 조물조물 뻘만 제거하면 되고, 냉동 낙지는 하루 전날 냉장고에서 자연 해동 후 밀가루와 굵은 소금으로 주물러 깨끗이 씻어 뻘과 냄새를 제거한다.
2. 냉동 낙지는 생강즙과 정종으로 하룻밤 재워 놓고 사용한다.
3. 끓는 물에 소금을 넣고 손질된 낙지를 살짝 데쳐 놓는다.
4. 팬에 기름을 넣고 양념과 야채를 빠르게 볶다가, 손질된 낙지를 넣어 재빠르게 볶고, 물녹말을 넣어 잠깐 익히고 참기름을 뿌려 마무리한다.
5. 콩나물은 삶아서 찬물에 30분 정도 담가 건져 물기를 제거한다.
6. 접시에 삶은 콩나물을 담고, 마무리된 낙지를 담아 통깨를 뿌려 제공한다.

■ 고수의 노하우 포인트
• 사이다가 첨가된 양념은 숙성 기간이 하루 정도 더 길다.

순대깻잎볶음

순대깻잎볶음 양념 배합비

재료(약 10접시)	중량	원가 산출
육수	200g	
매운 고춧가루	200g	
갈은 마늘	120g	
소주	100g	
백설탕	50g	
생강즙	70g	
간장	200g	
요리당	50g	
굴소스	100g	
조미료	10g	
고추장	200g	
매실액	50g	
소금	10g	
후춧가루	2g	

순대깻잎볶음 세팅 재료 및 중량

재료(큰 한 접시)	중량	원가 산출
순대	300g	
깻잎(깻단 가능)	60g	
당근	30g	
떡국 떡	60g	
양배추	150g	
갈은 마늘	20g	
대파	30g	
볶은 들깨가루	15g	
육수	20g	
양파	50g	
식용유	10g	

● 순대깻잎볶음 양념 배합하기

1. 소주에 매실액을 넣고 충분히 섞어 주고, 육수를 넣은 후 고추장과 고춧가루를 넣고 골고루 배합시킨다.
2. 1번에 분량의 재료를 하나씩 넣어 가면서 배합이 잘 될 수 있도록 거품기로 저어 준다.
3. 밀폐 용기에 담아 냉장 숙성시키고 24시간 후부터 사용한다.

● 순대깻잎볶음 만들기 및 세팅하기

1. 순대를 약간 따뜻하게 보관하고, 어슷썰기를 한다.
2. 준비된 분량의 야채를 썰어 놓는다.
3. 넓은 팬에 식용유를 넣고 팬이 따근하면 갈은 마늘을 넣고 볶다가, 준비한 야채를 넣는다.(깻잎은 나중에 넣는다.)
4. 야채가 볶아지면 양념을 넣고 육수를 조금 넣은 후 떡을 넣고 볶다가, 순대를 넣고 깻잎을 넣어 살짝 볶다가 들깨가루를 넣고 마무리한다.
5. 들깨를 사용하므로 참기름은 넣지 않는다.

■ **고수의 노하우 포인트**
• 순대깻잎볶음은 두 가지 방법이 있다. 직접 볶아서 제공하는 방법과 세팅을 하고 테이블에서 직접 볶는 방법이 있다.
• 순대는 차갑거나 너무 뜨거우면 속이 터진다.

매운곱창볶음 양념 배합비

재료(약 20회 제공량)	중량	원가 산출
육수	200g	
고추장	300g	
간장	250g	
흑설탕	100g	
갈은 마늘	150g	
청양 고춧가루	300g	
굵은 고춧가루	150g	
조미료	20g	
소고기 분말	10g	
후춧가루	2g	
생강즙	100g	
소주	200g	
요리당	20g	
양파즙	100g	
파인애플즙	50g	
소금	20g	
흰 물엿	250g	

매운곱창볶음 세팅 재료 및 중량

재료(2~3인분)	중량	원가 산출
곱창	200g	
고구마	60g	
당근	30g	
깻잎	60g	
양배추	150g	
갈은 마늘	20g	
대파	30g	
당근	20g	
육수	20g	
양파	50g	
소고기 기름	10g	
불린 당면	40g	
참기름	약간	

● 매운곱창볶음 양념 배합하기

1. 소주와 육수에 고추장과 고춧가루가 잘 풀어지도록 충분히 거품기로 배합시킨다.
2. 배합시킨 양념에 분량의 재료를 넣어 배합시킨다.
3. 밀폐 용기에 담아 24시간 냉장 숙성 후 사용한다.

● 곱창 손질하기와 매운곱창볶음 만들기 및 세팅하기

1. 곱창은 굵은 소금과 밀가루를 이용하여 바락바락 주물러 냄새와 곱을 제거하고 흐르는 물에 깨끗이 씻는다.
2. 씻어 놓은 곱창에 소주와 생강즙을 넣어 비닐에 담아 하루 정도 숙성시킨다.
3. 끓는 물에 된장을 풀고 소주와 월계수잎을 넣고 곱창을 살짝 데쳐 건진 후 먹기 좋게 썰어 놓는다.(데치지 않고 사용하는 방법도 있다.)
4. 야채는 적당하게 잘라 놓는다.
5. 팬을 뜨겁게 달군 후 소기름을 두르고 야채를 넣고 볶다가, 곱창을 넣고 소주 두 스푼을 떠 넣고 숙성된 양념을 넣어 볶다가 약간의 육수를 넣고 불린 당면을 넣는다.
6. 참기름으로 마무리한다.

■ 고수의 노하우 포인트
• 곱창을 고를 때는 신선한 것인지 꼼꼼히 따져봐서 선택한다.

콩나물오징어두루치기

콩나물오징어두루치기 양념 배합비

재료(약 20접시)	중량	원가 산출
해물 육수	400g	
고추장	400g	
간장	200g	
백설탕	100g	
갈은 마늘	200g	
고운 고춧가루	200g	
굵은 고춧가루	200g	
조미료	20g	
소고기 분말	20g	
후춧가루	2g	
생강즙	100g	
소주	200g	
흰 물엿	50g	
오렌지잼	100g	
굴소스	100g	
볶은 소금	2g	

콩나물오징어두루치기 세팅 재료 및 중량

재료(큰 한 접시)	중량	원가 산출
오징어	1마리	
새송이버섯	60g	
당근	30g	
콩나물	100g	
양배추	160g	
갈은 마늘	20g	
대파	30g	
당근	20g	
청양고추	10g	
양파	50g	
홍고추	10g	
식용유	약간	
참기름	약간	

● 콩나물오징어두루치기 양념 배합하기

1. 해물 육수(해물 육수 만드는 법은 176페이지 참조)와 소주에 고추장과 고춧가루를 풀어 놓는다.
2. 풀어 놓은 양념에 준비된 양념을 넣어가면서 잘 배합시킨다.
3. 밀폐 용기에 담아 24시간 숙성시킨다.

● 콩나물오징어두루치기 만들기 및 세팅하기

1. 냉동 오징어는 하루 전날 자연 해동시켜 껍질을 제거하고 깨끗이 씻어 적당하게 잘라 놓는다.
2. 야채는 적당한 크기로 잘라 준비한다.
3. 넓은 철판에 식용유를 두르고 갈은 마늘을 볶다가, 콩나물을 넣고 볶다가 야채를 넣고 볶는다.
4. 숙성된 양념을 넣고 볶다가 마지막에 오징어를 넣고 볶는다.(오징어에서 약간의 물이 나올 수 있다.)
5. 참기름으로 마무리하고, 청양·홍고추를 올린다.

■ 고수의 노하우 포인트
• 식감은 오징어 껍질을 벗기지 않은 것이 좋다.
• 두루치기는 테이블에서 직접 볶아 주는 것이 시각적 효과가 있다.

해물샤브샤브

해물샤브샤브 육수 맛내기 파우더		
재료(약 50인분)	중량	원가 산출
해물 육수	50kg	
조개 분말	100g	
소고기 분말	30g	
해물 분말	20g	
볶은 소금	20g	

해물샤브샤브 세팅 재료 및 중량		
재료(2인분)	중량	원가 산출
낙지	1마리	
가리비	2개	
주꾸미	2마리	
중하	2마리	
그린	4개	
절단 꽃게	2개	
어묵	4개(종류별)	
청경채	2대	
배춧잎	2장	
팽이버섯	1/2봉지	
새송이버섯	30g	
쑥갓	20g	
단호박	100g	
겨자채	3잎	
칼국수	100g	
공기밥	1/2공기	
김가루	10g	
달걀	1개(노른자)	
당근	5g	
만두	2개	

● 해물샤브샤브 육수 맛내기

1. 준비된 정량의 맛내기 파우더를 골고루 배합시킨다.
2. 기본 해물 육수(해물 육수 만드는 법은 176페이지 참조)에 배합한 맛내기 파우더를 넣고 한 번 팔팔 끓여 식혀서 준비한다.

● 해물 손질하기와 해물샤브샤브 만들기 및 세팅하기

1. 낙지와 주꾸미는 밀가루와 굵은 소금으로 주물러 씻어 놓는다.
2. 가리비는 솔을 이용하여 깨끗이 닦는다.
3. 중하와 그린 / 절단 꽃게는 연한 소금물에 한 번 깨끗이 씻어 놓는다.
4. 접시에 야채를 모둠어 담고, 다른 접시에 해물을 담는다.
5. 샤브샤브 냄비에 육수를 담고 해물 접시와 야채 접시를 함께 제공한다.
6. 칼국수 / 만두와 볶음밥 또는 죽으로 만들 밥은 별도로 준비해서 제공한다.

■ 고수의 노하우 포인트
• 칼국수는 전분이 많이 묻어 있으면 살짝 끓는 물에 데쳐서 제공한다.
• 샤브샤브 소스 만드는 법은 170~171페이지를 참조한다.

버섯얼큰샤브샤브

버섯얼큰샤브샤브 육수 맛내기 파우더

재료(약 50인분)	중량	원가 산출
맑은 육수	500g	
조개맛 분말	100g	
소고기 분말	20g	
해물 분말	20g	
볶은 소금	5g	
고추장(칼칼한 맛)	400g	
청양고춧가루	100g	
갈은 마늘	50g	
소주	50g	

버섯얼큰샤브샤브 세팅 재료 및 중량

재료(2인분)	중량	원가 산출
샤브 소고기	200g	
새송이버섯	100g	
표고버섯	30g	
양송이버섯	40g	
느타리버섯	60g	
팽이버섯	1봉지	
어묵	4개(종류별)	
태국고추	4개	
배춧잎	2장	
청경채	1/2봉지	
숙주나물	30g	
쑥갓	20g	
단호박	100g	
겨자채	3잎	
칼국수	100g	
공기밥	1/2공기	
김가루	10g	
달걀	1개(노른자)	
당근	5g	
만두	2개	

● 버섯얼큰샤브샤브 육수 맛내기

1. 맑은 육수와 소주를 재료 분량의 고추장과 고춧가루에 넣어 배합시킨다.
2. 재료 분량의 파우더와 1번 재료를 넣고 골고루 배합시킨다.
3. 밀폐 용기에 담아 냉장 숙성 6시간 후 끓여 놓은 육수에 넣고 한소끔 끓인다.

● 버섯 손질하기와 버섯얼큰샤브샤브 만들기 및 세팅하기

1. 새송이버섯은 결대로 큼직하게 썬다.
2. 표고버섯은 생표고를 선택해서 크게 제공한다.
3. 양송이버섯은 썰지 않고 형태 그대로 제공한다.
4. 팽이버섯은 밑부분만 절단한다.
5. 접시에 야채를 모둠어 담고, 다른 접시에 버섯을 담는다.
6. 샤브샤브 냄비에 얼큰 육수를 담고 태국고추를 넣고, 버섯 접시와 야채 접시/샤브 소고기와 함께 제공한다.
7. 칼국수/만두와 볶음밥 또는 죽으로 만들 밥은 별도로 준비해서 제공한다.

■ 고수의 노하우 포인트
• 버섯얼큰샤브샤브 주문 시 샤브샤브 육수에 별도로 매운맛 양념을 넣고 사용할 수 있다.(해물 육수 만드는 법은 176페이지 참조)
• 샤브샤브 소스 만드는 법은 170~171페이지를 참조한다.

소고기샤브샤브

소고기샤브샤브 육수 맛내기 파우더

재료(약 50인분)	중량	원가 산출
소고기 육수	50kg	
크림 수프	20g	
소고기 분말	40g	
조개 분말	20g	
볶은 소금	15g	

소고기샤브샤브 세팅 재료 및 중량

재료(2인분)	중량	원가 산출
샤브 소고기	300g	
새송이버섯	60g	
느타리버섯	30g	
치즈떡	40g	
고구마떡	60g	
팽이버섯	1봉지	
어묵	4개(종류별)	
케일	2잎	
배춧잎	2장	
청경채	1/2봉지	
숙주나물	30g	
쑥갓	20g	
단호박	100g	
겨자채	3잎	
칼국수	100g	
공기밥	1/2공기	
김가루	10g	
달걀	1개(노른자)	
당근	5g	
만두	2개	

● 소고기샤브샤브 육수 맛내기

1. 재료 정량의 파우더를 골고루 배합시킨다.
2. 기본 소고기 육수(소고기 육수 만드는 법은 175페이지 참조)에 배합한 육수 맛내기 파우더를 넣고 한 번 팔팔 끓여 식혀서 준비한다.

● 소고기샤브샤브 만들기 및 세팅하기

1. 소고기는 얼려서 육절기로 얇게 썬다.
2. 느타리버섯은 밑둥만 제거한다.
3. 팽이버섯도 밑부분만 절단한다.
4. 접시에 야채와 버섯을 모둠어 담고, 다른 접시에 샤브 소고기를 담는다.
5. 샤브 냄비에 육수를 담고, 야채 접시와 샤브 소고기를 함께 제공한다.
6. 칼국수 / 만두와 볶음밥 또는 죽으로 만들 밥은 별도로 준비해서 제공한다.

■ 고수의 노하우 포인트

• 샤브샤브는 육수를 하나로 통일해서 사용하는 것이 좋다.

• 별도의 양념을 추가하는 방법을 선택한다.

• 샤브샤브 소스 만드는 법은 170〜171페이지를 참조한다.

오리샤브샤브

오리샤브샤브 육수 맛내기 파우더		
재료(약 50인분)	중량	원가 산출
오리 육수	50kg	
크림 수프	20g	
소고기 분말	40g	
치킨 분말	20g	
볶은 소금	15g	

오리샤브샤브 세팅 재료 및 중량		
재료(2인분)	중량	원가 산출
샤브 오리고기	400g	
새송이버섯	100g	
느타리버섯	30g	
치즈떡	40g	
고구마떡	60g	
팽이버섯	1봉지	
어묵	4개(종류별)	
케일	2잎	
배춧잎	2장	
청경채	1/2봉지	
숙주나물	30g	
쑥갓	20g	
단호박	100g	
겨자채	3잎	
칼국수	100g	
공기밥	1/2공기	
김가루	10g	
달걀	1개(노른자)	
당근	5g	
만두	2개	

● 오리샤브샤브 육수 맛내기

1. 재료 정량의 파우더를 골고루 배합시킨다.
2. 기본 오리 육수(오리 육수 만드는 법은 178페이지 참조)에 배합한 맛내기 파우더를 넣고 한 번 팔팔 끓여 식혀서 준비한다.

● 오리샤브샤브 만들기 및 세팅하기

1. 오리고기는 얼려서 육절기로 얇게 썬다.
2. 느타리버섯은 밑둥만 제거한다.
3. 팽이버섯도 밑부분만 제거한다.
4. 접시에 야채와 버섯을 모둠어 담고, 다른 접시에 샤브 오리고기를 담는다.
5. 샤브 냄비에 오리 육수를 담고, 야채 접시와 샤브 오리고기와 함께 제공한다.
6. 칼국수 / 만두와 볶음밥 또는 죽으로 만들 밥은 별도로 준비해서 제공한다.

■ **고수의 노하우 포인트**
• 오리고기는 가슴살을 얼려서 사용하며, 오리다리살도 뭉쳐서 얼려 20% 정도 사용할 수 있다.
• 샤브샤브 소스 만드는 법은 170~171페이지를 참조한다.

한방보쌈

한방보쌈 양념 배합비

재료(고기 10kg)	중량	원가 산출
물	8kg	
시골된장	200g	
소고기 분말	10g	
감초	2g	
계피	1g	
천궁	1g	
당귀	1g	
통후추	2g	
월계수잎	1장	
갈은 마늘	200g	
갈은 생강	150g	
소주	1병	
캐러멜소스	1g	

한방보쌈 고기 재료 및 중량

재료(약 50인분)	중량	원가 산출
삼겹살	5kg	
목심	3kg	
전지	2kg	

● 한방보쌈 고기 삶기 및 만들기

1. 정량의 물에 준비한 한방 재료를 담고 하루 정도 우려 놓는다.
2. 우려 놓은 물에 소주를 제외하고 갈은 생강 / 갈은 마늘 / 월계수 잎 외의 재료들을 담고 센불에서 끓인다.
3. 고기는 찬물에 30분 정도 담가 핏기를 제거한다.
4. 물이 끓고 있으면 고기를 넣는다.
5. 고기를 넣고 끓으면, 분량의 소주를 붓고 약 50분 더 삶는다.
6. 센불(20분) / 중불(20분) / 뜸불(10분)로 조절한다.
7. 40분이 지나면 10분 정도 뜸불로 불 조절을 한 후, 불을 끄고 약 5분 있다가 고기를 건져 사용한다.

■ 고수의 노하우 포인트

• 한방 보쌈은 한약 냄새를 싫어하는 젊은층과 선호하는 중년층으로 나뉘어 있는 것을 종종 볼 수 있다.

• 고기는 삶았을 때 약 40% 줄어든다.

마늘보쌈

마늘보쌈 양념 배합비

재료(고기 10kg)	중량	원가 산출
물	8kg	
시골된장	200g	
소고기 분말	10g	
조미료	10g	
소주	1병	
갈은 마늘	200g	
갈은 생강	150g	
통후추	2g	
통마늘	120g	
월계수잎	1장	
통양파	250g	

마늘보쌈 고기와 토핑 재료 및 중량

재료(약 50인분)	중량	원가 산출
삼겹살	5kg	
목심	3kg	
전지	2kg	
다진 마늘	400g	
올리고당	120g	
굴잼	120g	
검은 후춧가루	10g	
화이트와인	100g	

● 마늘보쌈 고기 삶기 및 만들기

1. 물에 소주를 제외하고 갈은 생강 / 갈은 마늘 / 월계수잎 외의 재료들을 담고 센불에서 끓인다.
2. 고기는 찬물에 30분 정도 담가 핏기를 제거한다.
3. 물이 끓고 있으면 고기를 넣는다.
4. 고기를 넣고 끓으면, 소주를 넣고 약 50분 더 삶는다.
5. 센불(20분) / 중불(20분) / 뜸불(10분)로 조절한다.
6. 40분이 지나면 10분 정도 뜸불로 불을 조절한 후, 불을 끄고 약 5분 있다가 고기를 건져 사용한다.

● 보쌈 고기 토핑하기

1. 그릇에 다진 마늘을 담고 와인을 넣고 거품기로 젓는다.
2. 올리고당과 굴잼을 넣고 골고루 배합시킨다.
3. 검은 후춧가루를 마지막으로 첨가시킨다.

■ 고수의 노하우 포인트
- 마늘보쌈은 알싸하고 달콤한 마늘 맛을 선호하는 젊은층이 더 많이 즐겨 찾는 메뉴 구성이다.
- 고기는 삶았을 때 약 40% 줄어든다.

보쌈

보쌈 양념 배합비

재료(고기 10kg)	중량	원가 산출
물	8kg	
시골된장	200g	
소고기 분말	10g	
조미료	10g	
소주	1병	
갈은 마늘	200g	
갈은 생강	150g	
통후추	2g	
통마늘	120g	
월계수잎	1장	
통양파	250g	
대파뿌리	25g	

보쌈 고기 재료 및 중량

재료(약 50인분)	중량	원가 산출
삼겹살	5kg	
목심	3kg	
전지	2kg	

● 보쌈 고기 삶기 및 만들기

1. 물에 소주를 제외하고 갈은 생강 / 갈은 마늘 / 월계수잎 외의 재료들을 담고 센불에서 끓인다.

2. 고기는 찬물에 30분 정도 담가 핏기를 제거한다.

3. 물이 끓고 있으면 고기를 넣는다.

4. 고기를 넣고 끓으면, 소주를 붓고 약 50분 더 삶는다.

5. 센불(20분) / 중불(20분) / 뜸불(10분)로 조절한다.

6. 40분이 지나면 10분 정도 뜸불로 불 조절을 한 후, 불을 끄고 약 5분 있다가 고기를 건져 사용한다.

■ 고수의 노하우 포인트

• 보쌈 고기는 항정살 / 뒷다리살 등 다양하게 사용할 수 있다.

• 고기는 삶았을 때 약 40% 줄어든다.

보쌈김치

보쌈김치 양념 배합비

재료(절인배추 2통)	중량	원가 산출
굵은 고춧가루	100g	
매운 고춧가루	40g	
새우젓	10g	
갈은 사과	20g	
설탕	50g	
올리고당	100g	
꽃소금	20g	
조미료	10g	
까나리액젓	10g	
갈은 마늘	30g	
갈은 생강	5g	

보쌈김치 속 재료 및 중량

재료(약 10인분)	중량	원가 산출
절인 배추	2통	
무채	400g	
미나리	30g	
당근	40g	
밤	60g	
배	80g	
굴	70g	

● 보쌈김치 속 만들기 및 세팅하기

1. 무는 채를 썰어 소금에 약 30분 정도 절인다.
2. 절인 무채는 물기를 최대한 제거하고 준비한다.
3. 절인 무채에 분량의 고춧가루를 넣어 골고루 색을 들인다.
4. 고춧가루 물이 들은 무에 분량의 재료를 넣고 버무린다.
5. 양념을 넣고 버무린 무채에 각종 밤/대추/배를 넣고 버무린다.
6. 마지막에 참기름과 굴을 넣고 마무리한 후, 절인 배추에 속을 채워 냉장 보관한다.
7. 굴은 계절별로 사용하므로, 함께 넣지 않고 별도로 토핑으로 얹기도 한다.

■ 고수의 노하우 포인트
• 신선한 보쌈김치는 만들어 김치 냉장고에서 별도로 보관하고, 약 3일이 지나면 물기가 생겨 맛이 다소 감소된다.

족발

족발 1차 삶는 양념 배합비

재료(족발 4개 이상)	중량	원가 산출
물	8kg	
시골된장	300g	
마른 고추	10g	
커피	10g	
소주	1병	
갈은 마늘	200g	
갈은 생강	150g	
통후추	2g	
통마늘	120g	
월계수잎	1장	
통양파	250g	
대파뿌리	25g	

족발 2차 삶는 양념 배합비

재료(족발 4개)	중량	원가 산출
물	20kg	
시골된장	200g	
감초	20g	
정향	5g	
소주	3병	
진피	10g	
통생강	100g	
통후추	30g	
통마늘	300g	
월계수잎	3장	
통양파	400g	
대파뿌리 말린 것	100g	
검은 물엿	3,5kg	
간장	5kg	
흑설탕	100g	
소고기 분말	50g	
조미료	20g	
후춧가루	2g	
캐러멜소스	5g	
통계피	50g	

● 족발 1차 전처리 하기

1. 족발은 흐르는 찬물에 약 6시간 이상 담가 핏물을 제거한다.
2. 핏기가 제거된 족발은 1차 양념을 넣고 약 30분 정도 삶아 건진다.
3. 불 조절은 센불 → 중불로 조절한다.
4. 1차 삶은 족발은 건져 놓는다.

● 족발 2차 삶기

1. 찬물에 소주를 제외한 준비된 2차 배합된 양념 재료를 넣는다.
2. 배합된 재료를 넣고 약 6시간 정도 담가 둔다.
3. 담가둔 재료 안에 삶아 놓은 족발을 넣고 센불로 30분 정도 끓인다.
4. 끓고 있는 족발에 뚜껑을 열고 소주 2병을 넣는다.
5. 불을 중불로 줄여서 1시간 정도 삶는다.
6. 다시 불을 약불로 줄여서 약 20분 정도 삶아 건져 식힌다.

■ 고수의 노하우 포인트
• 족발은 찬물부터 삶으면 부드러운 식감이 생기며, 뜨거운 물에 삶게 되면 쫄깃한 식감의 족발맛을 느낄 수 있다.

참나물육회

참나물육회 양념 배합비

재료(육회 600g)	중량	원가 산출
볶은 소금	30g	
설탕	90g	
통깨	10g	
갈은 마늘	50g	
후춧가루	1g	
참기름	20g	
요리당	10g	

참나물육회 세팅 재료 및 중량

재료(약 3~4인분)	중량	원가 산출
참나물	200g	
소고기(우둔살/꾸리살)	600g	
배	200g	
달걀	1개(노른자)	

● 참나물육회 만들기 및 세팅하기

1. 참나물은 먹기 좋게 다듬는다.
2. 육회에 볶은 소금을 먼저 넣어 조물조물 무친다.
3. 2번에 설탕 / 갈은 마늘 / 후춧가루 / 요리당을 넣고 무친다.
4. 참나물과 배를 넣고 살짝 더 무친다.
5. 참기름을 섞어 마무리한다.
6. 접시에 담아 달걀 노른자 작은 것을 얹는다.

■ 고수의 노하우 포인트

• 육회는 색감을 중요시해야 된다. 간장은 변색이 빠르므로 반드시 볶은 소금을 사용해야 한다.

• 달걀 노른자의 비릿함을 싫어할 수 있어 별도 제공하는 것도 좋다.

치즈수제돈가스

치즈수제돈가스 양념 배합비

재료(약 50인분)	중량	원가 산출
소고기 육수	1.5kg	
토마토페이스	50g	
양파	100g	
샐러리	30g	
당근	40g	
홀토마토	100g	
밀가루	10g	
버터	10g	
다진 마늘	50g	
월계수잎	2장	
통후추	5g	
정향	2g	
토마토케첩	100g	
우스타소스	30g	
스테이크소스	20g	
땅콩버터	10g	
소고기 분말	10g	
설탕	20g	
생크림	30g	
적포도주	100g	

치즈수제돈가스 세팅 재료 및 중량

재료(10인분)	중량	원가 산출
돼지고기등심	10쪽	
우유	300mL	
생빵가루	300g	
모짜렐라치즈	300g	
달걀	3개	
소금 / 후추	약간	
밀가루	200g	
식용유	2리터 이상	

● 치즈수제돈가스 양념 배합하기

1. 두꺼운 팬에 버터를 녹이고, 밀가루를 은근히 오래 볶아서 루를 만들어 준다.
2. 밀가루가 갈색이 나면 다진 마늘을 넣고 볶다가, 분량의 야채들을 넣고 은근히 볶아 준다.
3. 야채도 볶아서 갈색이 나올 정도로 볶다가 토마토페이스를 넣어 주고 한 번 더 볶는다.
4. 적포도주를 넣고 소고기 육수(소고기 육수 만드는 법은 175페이지 참조)와 분말, 향신료(정향 / 월계수잎 / 통후추)를 넣고 불 조절을 하면서 약 1시간 이상 끓인다.
5. 끓인 소스는 불을 끄고 체에 걸러 설탕 / 우스타소스 / 스테이크소스 / 땅콩버터를 넣고 살짝 끓인다.
6. 불을 끄고 생크림을 첨가시켜 마무리한다.

● 치즈수제돈가스 만들기 및 세팅하기

1. 칼집이 들어간 등심을 우유에 약 30분 정도 담가 놓는다.
2. 담가 놓은 등심을 꺼내 소금 / 후추로 밑간을 한다.
3. 등심고기를 넓게 펴서 모짜렐라치즈를 넣고 말아 준다.
4. 말아 준 고기에 밀가루를 묻히고, 달걀물에 적셔 빵가루를 묻혀 준다.
5. 냉장고에서 약 3시간 이상 숙성시킨다.
6. 튀김 기름 온도는 170~180℃ 정도로 맞추고, 치즈수제돈가스를 튀겨 낸다.

■ **고수의 노하우 포인트**

• 빵가루는 식빵을 직접 갈아서 사용하면 식감도 좋고 맛도 좋다.
• 일반 빵가루를 사용할 때는 분무기로 물을 뿌려서 사용하고, 생빵가루를 함께 섞어서 사용하면 좋다.

고구마수제돈가스

고구마수제돈가스 양념 배합비

재료(약 50인분)	중량	원가 산출
소고기 육수	1.5kg	
토마토페이스	50g	
양파	100g	
샐러리	30g	
당근	40g	
홀토마토	100g	
밀가루	10g	
버터	10g	
다진 마늘	50g	
월계수잎	2장	
통후추	5g	
정향	2g	
토마토케첩	100g	
우스타소스	30g	
스테이크소스	20g	
땅콩버터	10g	
소고기 분말	10g	
설탕	20g	
생크림	30g	
적포도주	100g	

고구마 무스 재료 및 중량

재료(약 50인분)	중량	원가 산출
고구마	50개	
요리당	100g	
타피오카 전분	10g	
소금	5g	
물	60g	

고구마수제돈가스 세팅 재료 및 중량

재료(10인분)	중량	원가 산출
돼지고기등심	10쪽	
우유	300mL	
생빵가루	300g	
고구마 무스	300g	
달걀	3개	
소금 / 후추	약간	
밀가루	200g	
식용유	2리터 이상	

● 고구마수제돈가스 양념 배합하기

1. 두꺼운 팬에 버터를 녹이고, 밀가루를 은근히 오래 볶아서 루를 만들어 준다.
2. 밀가루가 갈색이 나면 다진 마늘을 넣고 볶다가 분량의 야채들을 넣고 은근히 볶아 준다.
3. 야채도 볶아서 갈색이 나올 정도로 볶다가 토마토페이스를 넣어 주고 볶는다.
4. 적포도주를 넣고 소고기 육수(소고기 육수 만드는 법은 175페이지 참조)와 분말, 향신료(정향 / 월계수잎 / 통후추)를 넣고 불 조절을 하면서 약 1시간 이상 끓인다.
5. 끓인 소스는 불을 끄고 체에 걸러 설탕 / 우스타소스 / 스테이크소스 / 땅콩버터를 넣고 살짝 끓인다.
6. 불을 끄고 생크림을 첨가시켜 마무리한다.

● 고구마 무스 만들기

1. 고구마를 무르게 삶는다.
2. 뜨거울 때 껍질을 제거하고 곱게 갈아 놓는다.
3. 타피오카 전분에 물을 풀어 저어가며 끓여서 맑게 익으면, 불을 끄고 식혀 놓는다.
4. 갈아 놓은 고구마에 끓여서 식힌 전분을 섞고, 소금과 요리당으로 간을 한다.

● 고구마수제돈가스 만들기

1. 칼집이 들어간 등심을 우유에 약 30분 정도 담가 놓는다.
2. 담가 놓은 등심을 꺼내 소금 / 후추로 밑간을 한다.
3. 등심고기를 넓게 펴서 고구마 무스를 넣고 말아 준다.
4. 말아 준 고기에 밀가루를 묻히고, 달걀물에 적셔 빵가루를 묻혀 준다.
5. 냉장고에서 약 3시간 이상 숙성한다.
6. 튀김 기름 온도는 170~180℃ 정도로 맞추고, 고구마수제돈가스를 튀겨 낸다.

■ 고수의 노하우 포인트
• 고구마 무스는 농도를 되직하게 만든다.

춘천닭갈비

춘천닭갈비 양념 배합비

재료(약 20인분)	중량	원가 산출
소고기 육수	150g	
약간 매운 고운 고춧가루	150g	
고추장	600g	
갈은 생강	100g	
갈은 마늘	200g	
소주	250g	
후춧가루	3g	
갈은 양파즙	500g	
간장	300g	
조미료	15g	
요리당	150g	
볶은 소금	20g	
굵은 고춧가루	200g	
소고기 엑기스	100g	
소고기 분말	10g	

춘천닭갈비 세팅 재료 및 중량

재료(2~3인분)	중량	원가 산출
닭	600g	
양배추	180g	
고구마	80g	
양파	100g	
대파	50g	
떡볶이 떡	70g	
당근	50g	
깻잎	50g	
식용유	10g	
참기름	약간	

● 춘천닭갈비 양념 배합하기

1. 소고기 육수(소고기 육수 만드는 법은 175페이지 참조)에 고추장과 고춧가루를 골고루 배합시켜 준다.
2. 배합된 1번 재료에 나머지 재료를 섞어 준다.
3. 혼합이 잘된 양념을 밀폐시키고, 냉장 숙성 24시간 후 사용한다.(양념은 4일 이상 사용하지 않는다.)

● 닭 손질하기와 춘천닭갈비 만들기 및 세팅하기

1. 닭은 핏기를 제거하고, 알맞게 잘라서 생강즙과 소주에 버무려 숙성시켜 놓는다.
2. 숙성된 닭을 양념에 재워 놓는다.
3. 야채는 큼직큼직하게 썰어 놓는다.
4. 두꺼운 철판에 식용유를 두르고 닭을 먼저 볶다가, 준비한 깻잎을 제외한 야채를 넣고 볶아 준다.
5. 다 익었을 때 깻잎을 넣고 참기름을 살짝 넣어서 마무리한다.

■ 고수의 노하우 포인트
• 닭은 생닭을 사용하고, 냉동 닭을 사용할 때는 냉장고에서 자연 해동을 하고 생강즙과 소주를 진하게 섞어 주는 전처리 과정을 거친다.

소고기해물두루치기

소고기해물두루치기 양념 배합비		
재료(약 20회 제공량)	중량	원가 산출
소고기 육수	350g	
고춧가루	200g	
진간장	500g	
갈은 생강	40g	
갈은 마늘	200g	
소주	150g	
후춧가루	3g	
양파	300g	
매실액	100g	
조미료	15g	
요리당	150g	
볶은 소금	5g	
설탕	20g	
소고기 분말	10g	
다진 파	50g	
굴소스	100g	
해물 엑기스	100g	
흰 물엿	200g	

소고기해물두루치기 세팅 재료 및 중량		
재료(2~3인분)	중량	원가 산출
소고기	100g	
새우	70g	
오징어	80g	
홍합	60g	
절단 꽃게	70g	
떡볶이 떡	70g	
숙주	60g	
깻잎	50g	
양파	80g	
당근	40g	
대파	30g	
참기름	10g	
식용유	10g	
청·홍고추	10g	
갈은 마늘	10g	
정종	15g	

● 소고기해물두루치기 양념 배합하기

1. 양파는 입자가 있게 다져 준비한다.
2. 간장과 소고기 육수(소고기 육수 만드는 법은 175페이지 참조)에 준비한 고춧가루를 넣고 불린다.
3. 2번 불린 고춧가루에 준비된 재료 분량의 양념을 넣고 골고루 배합시켜 24시간 냉장 숙성 후 사용한다.

● 소고기해물두루치기 만들기 및 세팅하기

1. 소고기는 불고기감으로 얇게 썰어 놓는다.
2. 오징어는 껍질을 벗기고 5cm 길이로 썰어 놓는다.
3. 새우/홍합/절단 꽃게는 흐르는 물에 씻어 채반에 받쳐 놓는다.
4. 양파는 굵은 채로 썰고, 당근/청·홍고추는 어슷 썰어 놓는다.
5. 두꺼운 팬에 식용유를 두르고, 뜨거워지면 갈은 마늘을 넣고 볶는다.
6. 소고기와 숙주를 넣고 볶다가, 양념 반을 넣고 재빠르게 볶는다.
7. 중간쯤에 준비한 해물을 넣고, 나머지 양념 반을 더 넣고 두루치기를 한 후 참기름을 넣고 마무리한다.

■ 고수의 노하우 포인트
• 소고기와 해물은 조화가 잘 되는 메뉴이다.

메뉴에 어울리는
찬류와 소스

 쌈무말이

쌈무말이 재료 및 중량

재료	중량	원가 산출
쌈무	50장	
게맛살	200g	
청피망	3개	
팽이버섯	2봉지	
노란 파프리카	3개	
겨자장	약간	

겨자장 재료 및 중량

재료	중량	원가 산출
발효 겨자	30g	
2배 식초	60g	
설탕	100g	
소금	15g	
참기름	10g	
생수	50g	

● 쌈무말이와 겨자장 만들기

1. 절여진 쌈무는 물기를 제거한다.
2. 게맛살은 쌈무 길이로 썰어서 결대로 찢어 놓는다.
3. 청피망은 속을 제거하고 길이대로 썬다.
4. 노란 파프리카도 속을 제거하고 길이대로 썬다.
5. 팽이버섯은 밑둥을 제거하고 갈라 놓는다.
6. 물기를 제거한 쌈무에 준비한 재료를 넣고 말아 놓는다.
7. 발효 겨자에 정량의 식초와 설탕을 넣고 저어서 설탕을 녹이면서 섞어 준다.
8. 소금으로 간을 하고, 생수를 넣고 부드럽게 만든다.
9. 마지막으로 참기름을 넣고 마무리한다.

콩가루양배추샐러드

콩가루양배추샐러드 재료 및 중량

재료	중량	원가 산출
양배추	1kg	
당근	100g	
오이	100g	
고추장	400g	
요리당	150g	
식초	300g	
설탕	200g	
사이다	200g	
볶은 콩가루	약간	

● 콩가루양배추샐러드 만들기

1. 양배추를 곱게 채를 썰어 찬물에 담가 건져 체에 받쳐 물기를 제거한다.

2. 당근과 오이도 채를 썰어 찬물에 담가 건져 체에 받쳐 물기를 제거한다.

3. 고추장에 사이다와 설탕을 섞어 거품기로 골고루 배합시킨다.

4. 재료 분량의 식초와 요리당을 넣고 맛을 낸다.

5. 채를 썰어 놓은 양배추와 당근/오이를 그릇에 담고, 초고추장을 위에 담고 볶은 콩가루를 얹어서 제공한다.

오이도라지생채

오이도라지생채 재료 및 중량		
재료	중량	원가 산출
도라지	500g	
오이	500g	
고추장	100g	
고춧가루	30g	
설탕	100g	
식초	40g	
천일염	50g	
갈은 마늘	30g	
다진 파	약간	
참기름	약간	
통깨	약간	

● 오이도라지생채 만들기

1. 도라지는 가늘게 찢어 천일염으로 절여 놓는다.

2. 오이는 어슷 썰어서 천일염에 절여 놓는다.

3. 그릇에 재료 분량의 참기름을 제외한 양념들을 섞는다.

4. 도라지와 오이는 소금물에서 건져 물에 한번 헹구어 물기를 짜 놓는다.

5. 골고루 섞인 양념에 도라지와 오이를 넣고 무친다.

6. 그릇에 담고 통깨를 솔솔 뿌린다.

꽈리고추찜

꽈리고추찜 재료 및 중량

재료	중량	원가 산출
꽈리고추	500g	
밀가루	30g	
간장	100g	
고춧가루	30g	
설탕	20g	
조미료	40g	
통깨	50g	
갈은 마늘	30g	
다진 파	약간	
참기름	약간	
생수	50g	
요리당	10g	

● 꽈리고추찜 만들기

1. 꽈리고추는 꼭지를 제거하고 물에 씻어 건진 후, 밀가루를 묻히고 살짝 털어 낸다.
2. 찜통에 김이 오르면 꽈리고추를 살짝 찜을 한다.
3. 간장에 생수를 넣고 설탕과 요리당을 골고루 섞은 후 고춧가루를 넣는다.
4. 섞인 양념에 재료 분량의 양념들을 넣고 섞는다.
5. 쪄 놓은 꽈리고추찜에 만들어 놓은 양념을 얹어서 제공한다.

 연두부간장

연두부간장 재료 및 중량		
재료	중량	원가 산출
낱개 연두부	30개	
간장	150g	
요리당	40g	
갈은 마늘	30g	
정종	30g	
고춧가루	20g	
실파	50g	
참기름	15g	
생수	100g	
통깨	약간	

● 연두부간장 만들기

1. 연두부는 낱개로 준비한다.
2. 간장에 설탕과 요리당을 섞어 놓는다.
3. 섞인 양념에 나머지 재료를 넣어 골고루 섞는다.
4. 실파는 송송 썰어서 섞여진 양념에 넣는다.
5. 참기름은 마지막에 넣어 섞어 준다.
6. 개인 연두부에 양념 간장을 얹어서 제공한다.

풋고추된장무침

풋고추된장무침 재료 및 중량

재료	중량	원가 산출
풋고추	1kg	
된장	200g	
갈은 마늘	40g	
요리당	30g	
고춧가루	10g	

● 풋고추된장무침 만들기

1. 풋고추를 동글동글하게 썰어서 찬물에 담가 씨를 제거한다.
2. 된장에 갈은 마늘/요리당/고춧가루를 넣어 골고루 섞으며 배합한다.
3. 물에 담가 놓은 풋고추를 건져 체에 받쳐 물기를 제거하고 배합된 양념 된장에 무친다.

고사리들깨볶음

고사리들깨볶음 재료 및 중량

재료	중량	원가 산출
고사리	1kg	
들기름	40g	
갈은 마늘	40g	
들깨가루	40g	
간장	100g	
생수	100g	
조미료	5g	

● 고사리들깨볶음 만들기

1. 고사리를 먹기 좋게 썰어서 간장/조미료/갈은 마늘에 무친다.

2. 팬에 들기름을 넣고 달군 후, 양념에 무친 고사리를 넣고 볶는다.

3. 볶는 중간에 생수를 넣고 들깨가루를 넣어 걸쭉하게 될 때까지 볶은 후, 불을 끄고 한소끔 식혀 놓는다.

얼갈이된장무침

얼갈이된장무침 재료 및 중량

재료	중량	원가 산출
삶은 얼갈이	1kg	
된장	150g	
갈은 마늘	40g	
고추장	30g	
고춧가루	30g	
조미료	5g	
참기름	약간	

● 얼갈이된장무침 만들기

1. 삶은 얼갈이는 찬물에 담가 건져 꼭 짜서 물기를 제거한다.
2. 물기를 제거한 얼갈이를 먹기 좋게 썰어 놓는다.
3. 그릇에 준비한 양념을 섞고, 썰어 놓은 얼갈이를 넣어 무친다.
4. 마지막에 참기름을 섞어 버무려 마무리한다.

부추야채샐러드

부추야채샐러드 재료 및 중량

재료	중량	원가 산출
부추	1kg	
간장	200g	
설탕	200g	
식초	100g	
고춧가루	50g	
당근	100g	
양파	150g	
통깨	30g	
참기름	30g	

● 부추야채샐러드 만들기

1. 부추는 다듬어서 깨끗이 씻어 약 5cm 길이로 썬다.

2. 당근과 양파도 채를 썰어 찬물에 살짝 담가 건져 놓는다.

3. 그릇에 재료 분량의 간장을 담고 설탕을 넣어 잘 녹인다.

4. 녹인 간장에 고춧가루를 넣고 골고루 섞은 후, 통깨를 넣는다.

5. 제공 직전 부추와 당근/양파 채를 넣어 살짝 무친 후, 참기름을 넣고 살살 버무려 마무리한다.

과일야채나박김치

과일야채나박김치 재료 및 중량		
재료	**중량**	**원가 산출**
무	200g	
배추	200g	
천일염	200g	
사과	70g	
오이	50g	
당근	50g	
실파	150g	
편생강	10g	
뉴슈가	10g	
홍고추	2개	
고춧가루물	7kg	
편마늘	50g	

● 과일야채나박김치 만들기

1. 깨끗이 씻은 무와 배추는 나박하게 썰어서 천일염과 뉴슈가에 30분 정도 절인다.
2. 오이와 사과는 원형을 살려 썬다.
3. 당근도 나박하게 썰고, 실파는 3cm 길이로 썬다.
4. 소금에 절인 무와 배추에 고춧가루물을 붓고, 준비한 과일과 야채를 섞는다.
5. 천일염으로 간을 하고, 48시간 냉장 숙성 후 제공한다.
6. 고춧가루물은 끓여서 식힌 물에 고춧가루 200g을 베보자기에 넣어 약 1시간 정도 담가 놓아 붉은 색이 나오게 만들어 사용한다.

야채쌈무침

야채쌈무침 재료 및 중량

재료	중량	원가 산출
상추	500g	
깻잎	300g	
치커리	200g	
식초	100g	
고춧가루	50g	
당근	100g	
양파	150g	
통깨	30g	
참기름	30g	
간장	200g	
설탕	200g	

● 야채쌈무침 만들기

1. 각종 쌈은 씻어서 물기를 제거하고, 먹기 좋게 잘라 놓는다.
2. 그릇에 재료 분량의 간장/설탕을 넣고 섞은 후, 설탕이 녹으면 고춧가루를 섞는다.
3. 야채쌈무침 제공 직전에 준비한 쌈 야채와 양념을 넣고 살살 무친 후, 참기름을 살짝 넣고 버무린 후 통깨를 뿌려 제공한다.

 무생채

무생채 재료 및 중량		
재료	중량	원가 산출
무	1kg	
대파	20g	
갈은 마늘	40g	
새우젓	40g	
고춧가루	50g	
설탕	50g	
조미료	2g	
식초	10g	
통깨	약간	
천일염	40g	

● 무생채 만들기

1. 무는 채를 썰어 소금에 약 30분 절여 꼭 짜서 물기를 제거시켜 준비한다.

2. 절인 무에 고춧가루와 새우젓을 섞고, 골고루 고춧가루색이 나오도록 무친다.

3. 색이 들여진 무채에 준비된 재료 양념을 넣고 버무린다.

4. 버무린 무생채에 통깨를 솔솔 뿌려 마무리하고, 바로 먹을 수 있으므로 냉장 보관 후 제공한다.

단호박샐러드

단호박샐러드 재료 및 중량

재료	중량	원가 산출
삶은 단호박	2kg	
건포도	100g	
설탕	10g	
마요네즈	200g	
연유	20g	
소금	약간	

● 단호박샐러드 만들기

1. 단호박은 속을 긁어 내고, 찜통에서 푹 찐다.
2. 뜨거울 때 곱게 으깨서 충분히 식힌다.
3. 식힌 단호박에 소금/설탕/마요네즈/연유를 넣고 골고루 섞다가, 건포도를 넣어 마무리한다.

 파채

파채 재료 및 중량

재료	중량	원가 산출
파채	1kg	
간장	200g	
설탕	200g	
식초	100g	
고춧가루	50g	
조미료	1g	
통깨	30g	
참기름	30g	

● 파채 만들기

1. 파는 통째로 씻어서 물기를 약간 말려 파채 기계에 넣어 채를 만들어 놓는다.

2. 간장에 설탕을 넣고 설탕이 녹을 때까지 거품기로 저어 준다.

3. 설탕이 녹으면, 식초/고춧가루/조미료를 넣고 섞어 냉장 보관한다.

4. 주문 시 파채를 바로 양념에 무치고, 참기름를 넣고 통깨를 뿌려 제공한다.

깻잎절임

깻잎절임 재료 및 중량		
재료	중량	원가 산출
깻잎	1kg	
간장	1.5kg	
설탕	800g	
식초	800g	
소주	400g	
소금	약간	

● 깻잎절임 만들기

1. 깻잎은 여러 장 묶어서 끓는 소금물에 살짝 데쳐, 찬물에 넣고 열기를 식힌 후 건진다.
2. 채반에 건진 깻잎을 놓고 물기를 최대한 제거시켜 준비한다.
3. 간장에 설탕을 넣고 거품기로 충분히 녹여 준다.
4. 설탕을 녹인 간장에 식초/소주를 붓고 저어 준다.
5. 통에 물기를 제거한 깻잎을 담고 무거운 것으로 꼬옥 누른 후 배합된 간장 양념을 붓는다.
6. 약 10일 뒤 먹을 수 있다.

야채요구르트샐러드

야채요구르트샐러드 재료 및 중량

재료	중량	원가 산출
양상추	1kg	
홍·파프리카/피망	200g	
요플레	200g	
설탕	10g	
마요네즈	300g	
연유	약간	

● 야채요구르트샐러드 만들기

1. 양상추는 먹기 좋게 손으로 찢어 찬물에 담가 놓는다.

2. 파프리카는 여러 가지 색으로 준비하고, 파프리카 속을 깨끗이 제거하여 씻은 후 채를 썰어 놓는다.

3. 마요네즈에 연유/요플레/설탕을 넣고 골고루 섞어 준다.

4. 물에 담가 놓은 양상추를 건쳐 체에 받쳐 물기를 털어 내고, 그릇에 양상추와 파프리카를 담아 마요네즈 소스를 얹어 제공한다.

 # 샤브샤브에 어울리는 소스 4종

고추소스

고추소스 재료 및 중량

재료	중량	원가 산출
간장	200g	
굴소스	50g	
다진 청양고추	50g	
요리당	70g	
후춧가루	약간	
정종	20g	
식초	20g	

● 고추소스 만들기

1. 볼에 준비한 간장과 요리당을 넣고 잘 섞는다.
2. 섞인 양념에 준비한 양념을 넣고 골고루 섞는다.
3. 다 섞인 양념에 다진 청양고추를 넣어 준다.
4. 다진 고추가 들어간 소스는 3일 후 신선도와 맛이 감소된다.

땅콩소스

땅콩소스 재료 및 중량

재료	중량	원가 산출
땅콩버터잼	120g	
생수	50g	
까나리액젓	10g	
요리당	70g	
머스터드소스	10g	
고운 고춧가루	0.2g	
갈은 마늘	1g	
땅콩	20g	

● 땅콩소스 만들기

1. 믹서에 땅콩버터잼과 땅콩을 넣고, 분량의 재료를 다 넣은 후 갈아 준다.
2. 갈아서 믹싱된 소스를 냉장고에 보관한다.
3. 주문에 따라 취향에 맞게 땅콩소스를 제공한다.

폰즈소스

폰즈소스 재료 및 중량

재료	중량	원가 산출
간장	100g	
식초	100g	
정종	20g	
가쯔오부시 국물	20g	
설탕	100g	
다시마 육수	100g	
실파	10g	

● 폰즈소스 만들기

1. 볼에 간장과 설탕을 넣고 잘 녹여 준다.

2. 녹인 양념에 가쯔오부시 국물을 섞어 준다.

3. 다시마 육수와 정종 / 식초를 재료 분량에 맞게 넣고, 골고루 섞어서 마무리하고 제공할 때 실파를 넣는다.

칠리소스

칠리소스 재료 및 중량

재료	중량	원가 산출
토마토케첩	100g	
고추기름	20g	
다진 마늘	20g	
다진 청양고추	20g	
핫 칠리소스	100g	
다시마 육수	60g	
굴소스	10g	

● 칠리소스 만들기

1. 그릇에 토마토케첩 / 굴소스와 고추기름을 넣어 골고루 섞어 준다.

2. 핫 칠리소스와 다시마 육수를 넣고 다시 배합시켜 준다.

3. 다진 마늘과 다진 청양고추를 섞어 배합시킨 후 마무리한다.

육수와 각종 양념/
면류·반죽 만들기

🌾 닭 육수

닭 육수 재료 및 중량

재료	중량	원가 산출
닭발	2kg	
무	500g	
통마늘	200g	
통생강	80g	
통후추	5g	
월계수잎	5장	
소주	300g	
된장	100g	
통양파	300g	
대파 뿌리	20g	
물	50kg	

● 닭 육수 만드는 법

1. 닭발은 껍질과 발톱을 벗겨 밀가루를 넣고 조물조물 주물러 씻는다.
2. 씻은 닭발에 물을 자작하게 붓고, 된장 / 월계수잎을 넣고 약 30분 끓인다.
3. 끓고 있는 닭발에 소주를 100g 정도 붓는다.
4. 30분 후 닭발을 건져 찬물에 헹구어 건져 놓는다.
5. 물 50kg에 삶아 건진 닭발을 넣고, 통양파 / 통마늘 / 월계수잎 / 대파 뿌리 / 통생강 / 무 / 소주를 넣고 약 3시간 정도 불을 조절하면서 끓인다.
6. 센불(30분) / 중불(90분) / 약불(60분)의 순으로 끓인다.
7. 가끔 거품을 걷어 낸다.

🌾 돼지 육수

돼지 육수 재료 및 중량

재료	중량	원가 산출
돼지 도가니뼈	2kg	
돼지 잡뼈	2kg	
돼지 사골	2kg	
통양파	400g	
통무	700g	
통마늘	200g	
월계수잎	5장	
대파 뿌리	20g	
통후추	5g	
된장	200g	
통생강	120g	
물	60kg	

● 돼지 육수 만드는 법

1. 돼지 잡뼈와 사골 / 도가니뼈는 6시간 이상 물에 담가 건진다.
2. 사골과 돼지 잡뼈 / 돼지 도가니뼈에 물을 자작하게 담고, 월계수잎 2장 / 통후추 2g / 소주 / 된장 / 통생강 20g을 넣고, 센불에 약 1시간 정도 끓인다.
3. 끓인 돼지 사골 / 잡뼈 / 돼지 도가니뼈를 깨끗이 씻어 놓는다.
4. 육수통에 물을 담고, 돼지 사골 / 돼지 잡뼈 / 돼지 도가니뼈 / 통무 / 통양파 / 월계수잎 / 통후추 / 대파 뿌리 / 통생강 / 소주를 붓고 약 6시간 이상 불을 조절하면서 끓인다.
5. 중간중간에 떠오르는 기름은 걷어 낸다.
6. 불을 끄고, 바로 야채는 체로 건져 낸다.

사골 육수

사골 육수 재료 및 중량

재료	중량	원가 산출
사골	2kg	
소 잡뼈	2kg	
마구리뼈	1kg	
통양파	400g	
통무	700g	
통마늘	200g	
월계수잎	5장	
대파 뿌리	20g	
정종	300g	
통후추	5g	
물	50kg	

● 사골 육수 만드는 법

1. 소 잡뼈와 사골 / 마구리뼈는 6시간 이상 물에 담가 건진다.

2. 사골과 소 잡뼈 / 마구리뼈에 물을 자작하게 담고, 월계수잎 2장 / 통후추 2g / 정종 100g을 붓고 약 1시간 정도 센불로 끓인다.

3. 끓인 사골 / 소 잡뼈 / 마구리뼈를 깨끗이 씻는다.

4. 육수통에 물을 담고, 사골 / 소 잡뼈 / 마구리뼈 / 통무 / 통양파 / 월계수잎 / 통후추 / 대파 뿌리 / 정종을 붓고 약 6시간 이상 불을 조절하면서 끓인다.

5. 중간중간에 떠오르는 기름은 걷어 낸다.

6. 불을 끄고, 바로 야채는 체로 건져 낸다.

소고기 육수

소고기 육수 재료 및 중량

재료	중량	원가 산출
양지	2kg	
소 잡뼈	2kg	
통양파	400g	
통무	700g	
통마늘	200g	
월계수잎	5장	
대파 뿌리	20g	
정종	300g	
통후추	5g	
물	50kg	

● 소고기 육수 만드는 법

1. 소 잡뼈는 6시간 이상 물에 담가 건진다.

2. 소 잡뼈와 물을 자작하게 담고, 월계수잎 2장 / 통후추 2g / 정종 100g을 붓고 약 1시간 동안 센불로 끓인다.

3. 끓인 소 잡뼈를 깨끗이 씻는다.

4. 육수통에 물을 담고, 양지 / 소 잡뼈 / 통무 / 통양파 / 월계수잎 / 통후추 / 대파 뿌리 / 정종을 붓고 약 6시간 이상 끓인다.

5. 센불(1시간) / 중불(4시간) / 약불(1시간) 이상 끓인다.

6. 중간중간에 거품은 충분히 걷어 내고 육수를 끓이고, 바로 야채는 건져 낸다.

7. 양지는 1시간 20분만 삶아 건져 놓는다.

해물 육수

해물 육수 재료 및 중량

재료	중량	원가 산출
마른 홍합	100g	
다시마	20g	
꽃새우	100g	
다시 멸치	50g	
통양파	400g	
통마늘	200	
고추씨	10g	
무	500g	
물	50kg	

● 해물 육수 만드는 법

1. 무와 통양파는 껍질째 깨끗이 씻어 놓는다.

2. 육수통에 물을 50kg 담는다.

3. 50kg 담긴 물에 무와 통양파를 넣는다.

4. 3번에 다시 멸치 / 고추씨 / 통마늘 / 마른 홍합 / 다시마 / 꽃새우를 넣고 2시간 끓인다.

5. 센불(30분)/중불(60분)/약불(30분)의 순으로 끓인다.

6. 중간중간에 떠 오르는 거품은 걸어 낸다.

7. 육수 보자기 또는 삼베에 재료를 넣고 끓이면 깊은 맛이 약간 감소된다.

냉면 육수

냉면 육수 재료 및 중량

재료	중량	원가 산출
닭	1kg	
양지	2kg	
사태	1kg	
통무	1kg	
통마늘	200g	
월계수잎	1장	
대파 뿌리	20g	
정종	300g	
통후추	2g	
통양파	400g	
감초	2g	
물	50kg	

● 냉면 육수 만드는 법

1. 닭은 통째로 깨끗이 씻는다.

2. 육수통에 물을 50kg 담는다.

3. 무는 껍질째 씻어 통째로 육수통에 담는다.

4. 2번 통에 닭 / 양지 / 사태 / 무 외에 준비한 재료를 모두 넣는다.

5. 센불에서 약 30분 정도 끓인다.

6. 불을 중불로 줄이고 60분 끓인다.

7. 중불에서 약불로 30분 끓인다.

8. 중간중간에 떠오르는 거품과 기름은 걷어 낸다.

9. 불을 끄고, 야채와 고기는 바로 건진다.

10. 차갑게 식힌 후, 기름을 다시 건져 낸다.

🪶 동치미 / 동치미 육수

동치미 / 동치미 육수 재료 및 중량

재료	중량	원가 산출
무	2kg	
뉴슈가	30g	
천일염	100g	
양파	70g	
배	150g	
통마늘	60g	
미나리	20g	
새우젓	10g	
조미료	2g	
설탕	40g	
찹쌀 풀	100g	
사이다	350g	
물	6kg	

● 동치미 만드는 법

1. 무는 깨끗이 씻어 큼직큼직하게 썰어 놓는다.
2. 배는 큼직하게 잘라 놓고, 미나리는 5cm 길이로 썰어 놓는다.
3. 물에 천일염을 풀어 한 번 끓여서 식혀 놓는다.
4. 식힌 소금물에 썰어 놓은 무/미나리/배/양파/통마늘을 큼직하게 넣는다.
5. 나머지 양념과 사이다를 넣고 골고루 섞는다.
6. 섞은 동치미를 상온에서 약 이틀 정도 숙성 후 냉장고에 차갑게 보관한다.

🪶 다시마 멸치 육수

다시마 멸치 육수 재료 및 중량

재료	중량	원가 산출
다시마	30g	
다시 멸치	200g	
무	600g	
통마늘	200g	
통생강	60g	
통양파	200g	
대파 뿌리	20g	
물	50kg	

● 다시마 멸치 육수 만드는 법

1. 무는 껍질째 깨끗이 씻어 놓는다.
2. 양파는 껍질을 벗기고 씻어 놓는다.
3. 육수통에 물을 50kg 담는다.
4. 다시마는 통으로 준비하고 젖은 행주로 염분을 닦아 놓는다.
5. 준비된 육수통에 다시마와 멸치를 넣는다.
6. 5번에 나머지 재료를 넣고 끓인다.
7. 중간중간 거품을 걷어 낸다.
8. 센불(30분) / 중불(60분) / 약불(30분)로 조절하고 2시간 정도 끓인다.

멸치 육수

멸치 육수 재료 및 중량

재료	중량	원가 산출
다시 멸치(죽방 멸치)	200g	
보리새우	30g	
무	600g	
통마늘	200g	
통생강	60g	
통양파	500g	
대파 뿌리	20g	
다시마	20g	
고추씨	10g	
물	50kg	

● 멸치 육수 만드는 법

1. 무는 껍질째 씻어 놓는다.
2. 육수통에 물을 50kg 담는다.
3. 다시마는 젖은 행주로 염분을 닦아 육수통에 넣는다.
4. 2번 육수통에 다시 멸치 / 통무 / 통양파 / 통생강 / 보리새우 / 고추씨 / 대파 뿌리를 넣는다.
5. 중간중간에 거품은 걷어 내고, 센불 / 중불 / 약불로 2시간 끓인다.
6. 2시간 후 불을 끄고, 끓인 재료는 모두 건져 낸다.

볶은 소금

볶은 소금 재료 및 중량

재료	중량	원가 산출
천일염	1kg	

● 볶은 소금 만드는 법

1. 간수를 뺀 천일염을 준비한다.
2. 두꺼운 팬에 천일염을 넣고 나무주걱으로 은근히 1시간 정도 볶아 준다.
3. 불을 끄고 열기를 완전히 식혀, 절구 또는 믹서기에 갈아서 사용한다.

오리 육수

오리 육수 재료 및 중량

재료	중량	원가 산출
오리뼈	5kg	
닭뼈	2kg	
통마늘	200g	
월계수잎	2장	
소주	1병	
통생강	80g	
통후추	5g	
대파 뿌리	20g	
통양파	300g	
물	50kg	

● 오리 육수 만드는 법

1. 오리뼈와 닭뼈는 찬물에 약 1시간 정도 담가 건져 놓는다.
2. 팬에 건진 뼈를 살짝 소주를 붓고 볶는다.
3. 육수통에 물을 담아 볶은 뼈를 담고, 통마늘 / 월계수잎 / 통생강 / 통후추 / 대파 뿌리를 넣고 센불(30분) / 중불 (1시간) / 약불(1시간)로 끓인다.
4. 중간중간 거품을 걷어 낸다.

칼국수면

칼국수면 반죽 재료 및 중량

재료	중량	원가 산출
밀가루	10kg	
녹말가루	400g	
식용유	300g	
소금	50g	
물	5kg	

● 칼국수면 반죽 만드는 법

1. 밀가루 반죽기에 밀가루 / 녹말 / 식용유 / 물 / 소금을 넣는다.
2. 반죽기의 타이머를 15~20분으로 맞춰 놓는다.
3. 칼국수 반죽을 꺼내 상온에 2시간, 냉장고에서 4시간 정도 숙성 후 사용한다.
4. 반죽기 / 밀가루 수분에 따라 반죽이 차이가 날 수 있다.

🍜 황태 육수

황태 육수 재료 및 중량

재료	중량	원가 산출
황태 머리	200g	
다시 멸치	100g	
무	600g	
통마늘	200g	
통생강	60g	
통양파	200g	
대파 뿌리	20g	
다시마	20g	
보리새우	30g	
물	50kg	

● 황태 육수 만드는 법

1. 황태 머리는 물에 20분 정도 담가 건진다.
2. 육수통에 물 50kg을 담아 놓는다.
3. 다시마는 젖은 행주로 염분을 닦아 놓는다.
4. 2번에 황태 머리 / 다시 멸치 / 무 / 양파 / 대파 뿌리 / 통생 강 / 통마늘을 넣고 약 2시간 불을 조절하면서 끓인다.

🍜 부추 간장

부추 간장 재료 및 중량

재료	중량	원가 산출
진간장	200g	
설탕	50g	
고운 고춧가루	30g	
통깨	20g	
정종	50g	
부추	50~100g	
참기름	20g	
요리당	20g	
생수	200g	

● 부추 간장 만드는 법

1. 진간장에 설탕과 요리당을 넣고 골고루 섞어 설탕을 녹 인다.
2. 녹인 간장에 고운 고춧가루 / 생수 / 정종을 넣고 섞은 후 통깨를 넣는다.
3. 부추는 깨끗이 씻어 송송 썰어 놓는다.
4. 먹기 직전에 만들어 놓은 간장에 부추와 참기름을 섞어 제공한다.

🍜 닭 한 마리 칼국수 양념

닭 한 마리 칼국수 양념 재료 및 중량

재료	중량	원가 산출
마른 고추	50g	
홍고추	100g	
까나리액젓	100g	
조미료	10g	
갈은 마늘	50g	
갈은 생강	20g	
갈은 양파	50g	
소주	100g	
고춧가루	150g	
설탕	20g	
요리당	50g	
실파	50g	
육수	300g	

● 닭 한 마리 칼국수 양념 만드는 법

1. 마른 고추와 홍고추 / 까나리액젓 / 육수를 믹서기에 넣고 곱게 갈아 놓는다.
2. 실파는 송송 썰어 놓는다.
3. 1번 양념에 나머지 양념을 넣고 골고루 섞어 놓는다.
4. 섞여진 양념에 썰어 놓은 실파를 섞고, 냉장고에 보관 후 사용한다.

🍜 초고추장

초고추장 재료 및 중량

재료	중량	원가 산출
고추장	1kg	
설탕	200g	
물엿	100g	
식초	200g	
생강즙	50g	
사이다	200g	

● 초고추장 만드는 법

1. 고추장에 설탕 / 물엿을 넣고 거품기로 충분히 저어 설탕을 녹인다.
2. 1번 양념에 생강즙과 사이다를 조금씩 넣어가면서 고추 장을 풀어 놓는다.
3. 풀어 놓은 고추장에 식초를 넣고 섞는다.
4. 냉장 보관 후 사용한다.

🥢 도가니 양념장 및 고깃장

도가니 양념장 및 고깃장 재료 및 중량

재료	중량	원가 산출
진간장	800g	
물엿	200g	
설탕	200g	
정종	100g	
통후추	5g	
편마늘	100g	
마른 고추	5g	
양파	200g	
물	1.2kg	

● 도가니 양념장 및 고깃장 만드는 법

1. 냄비에 간장과 물엿 / 설탕 / 통후추 / 편마늘 / 마른 고추 / 양파 / 물을 넣고 약한 불에서 은근히 끓인다.
2. 끓이는 중간에 정종을 넣는다.
3. 양념이 반쯤 졸여지면 불을 끄고, 체에 걸러 놓는다.
4. 완전히 식혀 냉장 보관한다.
5. 도가니 양념으로 사용할 경우 고깃장에 갈은 마늘 / 와사비를 넣는다.
6. 고깃장으로 사용할 경우 와사비만 넣고 사용한다.

🥢 겨자 간장

겨자 간장 재료 및 중량

재료	중량	원가 산출
진간장	500g	
설탕	100g	
발효 겨자	100g	
정종	20g	
생수	300g	

● 겨자 간장 만드는 법

1. 30℃ 정도의 따뜻한 물에 발효 겨자를 동량으로 넣고, 빠르게 저어 톡 쏘는 향이 나오게 발효시킨다.
2. 진간장에 설탕을 넣고 충분히 녹인다.
3. 설탕을 녹인 간장에 발효 겨자와 생수 / 정종을 넣고 섞는다.
4. 냉장고에 보관 후 사용한다.

🥢 매운 양념(다데기)

매운 양념(다데기) 재료 및 중량

재료	중량	원가 산출
마른 고추	20g	
홍고추	50g	
새우젓	100g	
조미료	10g	
갈은 마늘	50g	
갈은 생강	10g	
갈은 양파	30g	
소주	100g	
매운 고춧가루	100g	
설탕	10g	
육수	200g	

● 매운 양념 만드는 법

1. 마른 고추와 홍고추 / 새우젓을 믹서기에 넣고 육수를 붓고 갈아 놓는다.
2. 1번 양념에 고춧가루를 넣고 불린다.
3. 불린 고춧가루에 갈은 마늘 / 갈은 양파 / 갈은 생강 / 조미료 / 소주 / 설탕을 넣고 골고루 섞어 놓는다.
4. 냉장고에 보관 후 사용한다.

🥢 비빔 고추장

비빔 고추장 재료 및 중량

재료	중량	원가 산출
고추장	500g	
매실액	100g	
갈은 마늘	50g	
설탕	30g	
통깨	10g	
정종	50g	
사이다	100g	

● 비빔 고추장 만드는 법

1. 고추장에 설탕을 섞어 저어가며 녹인다.
2. 1번 양념에 사이다 / 정종을 붓고 매실액을 넣어 골고루 섞는다.
3. 섞여진 비빔장에 나머지 재료를 넣고 섞어 냉장 보관 후 사용한다.

🏮 간단한 불고기 양념장

간단한 불고기 양념장 재료 및 중량

재료	중량	원가 산출
간장	150g	
설탕	60g	
배	100g	
다진 파	30g	
갈은 마늘	40g	
정종	50g	
후춧가루	2g	
참기름	20g	
통깨	10g	
파인애플	20g	
생수	100g	

● 간단한 불고기 양념장 만드는 법

1. 배와 파인애플은 믹서기에 곱게 갈아 놓는다.
2. 간장과 생수를 섞는다.
3. 섞여진 간장에 설탕을 넣고 거품기로 저어가면서 설탕을 충분히 녹인다.
4. 설탕을 녹인 간장에 갈은 배와 파인애플을 넣고 섞는다.
5. 배합된 양념에 나머지 양념을 넣고, 6시간 숙성 후 불고기 양념장으로 사용한다.

🏮 와사비 간장

와사비 간장 재료 및 중량

재료	중량	원가 산출
진간장	500g	
설탕	200g	
와사비	100g	
정종	100g	
생수 또는 육수	300g	

● 와사비 간장 만드는 법

1. 와사비 가루는 찬물을 넣고 골고루 섞어 놓는다.
2. 1번 와사비에 진간장 / 설탕을 넣고 거품기로 저어가며 설탕을 완전히 녹인다.
3. 녹여진 간장에 생수 또는 육수를 섞고 정종도 섞는다.
4. 정종 대신 김이 빠진 소주를 사용하기도 한다.

🏮 수제비 반죽

수제비 반죽 재료 및 중량

재료	중량	원가 산출
밀가루	10kg	
녹말가루	500g	
식용유	500g	
소금	50g	
물	5.5kg	

● 수제비 반죽 만드는 법

1. 반죽기에 밀가루/녹말가루/식용유/소금/물을 넣는다.
2. 약 20분 정도로 타이머를 맞춰 놓는다.
3. 수제비 반죽을 비닐에 담아 상온에서 4시간 숙성시킨다.
4. 숙성된 반죽을 한 번 치대고, 냉장고에서 3시간 숙성시킨 후 사용한다.

🏮 달래 간장

달래 간장 재료 및 중량

재료	중량	원가 산출
진간장	200g	
설탕	20g	
고운 고춧가루	30g	
통깨	20g	
정종	50g	
달래	50~100g	
참기름	20g	
요리당	10g	
생수	200g	

● 달래 간장 만드는 법

1. 진간장에 설탕과 요리당을 넣고 골고루 섞어 설탕을 녹인다.
2. 녹인 간장에 고운 고춧가루/생수/정종을 넣고 섞은 후 통깨를 넣는다.
3. 달래는 뿌리를 다듬고 깨끗이 씻어 건진 후 1cm 길이로 썰어 놓는다.
4. 먹기 직전에 만들어 놓은 간장에 달래와 참기름을 섞어 제공한다.

❖ 식자재 물품 예상 원가표

야채류	중량 100g
당근	250원
양파	200원
청양고추	800원
홍고추	250원
대파	500원
콩나물	200원
태국고추	170원
양배추	200원
실파	400원
갈은생강	350원
갈은마늘	400원
깻잎	200원
통마늘	400원
통생강	350원
고구마	400원
청경채	800원
피망	500원
파프리카	800원
브로콜리	600원
양상추	700원
오이	400원
부추	600원
파슬리가루	100원
샐러리	700원
비타민	600원
김치	120원
미나리	700원
적채	700원
무	600원
배추	1통/2,000원
쑥갓	600원
감자	250원
호박	500원
옥수수	400원
단호박	1,200원
팽이버섯	500원
새송이버섯	600원
마른홍고추	800원
묵은지	200원
양송이버섯	800원
느타리버섯	500원
겨자채	600원
케일	600원
참나물	300원
숙주	350원
표고버섯	350원
묵	200원

야채류	중량 100g
무말랭이	800원
단무지	350원
우거지	500원
서리태	120원
쌀	200원
밤콩	100원
레몬	600원
무순	500원
도라지	700원
고사리	800원
상추	700원
새싹	900원
당귀잎	400원
겨자잎	400원
케일잎	400원
비트잎	400원
신선초	400원
레드치커리	400원
로즈잎	400원
쌈추	400원
토란대	600원
시래기	500원
쥬키니호박	400원

해물류	중량 100g 및 마리
낙지	500원
오징어	1마리/900원
가리비	1개 700원
홍합	300원
절단꽃게	700원
대하	1개당 700원
그린	500원
맛조개	800원
냉동참치	2,500원
게맛살	400원
해파리	400원
마른오징어	1마리/1,500원
백합조개	800원
동죽	500원
모시조개	700원
대합	1,000원
중합	800원
대맛조개	800원
민들조개	700원
곤약	200원
동태알	300원
대구고니	800원

해물류	중량 100g 및 마리
대구알	900원
주꾸미	800원
보리새우	1,000원
굴	900원
조개살	1,500원
깐새우	2,500원
키조개	1개/1,200원
황태	1마리/1,800원
장어	1마리/4,000원
칵델새우	100/1,800원
아귀	1마리/3,000원
꽃게	1마리/1,200원
미더덕	1,000원
황태채	1,500원
관자	800원
바지락	400원
새우젓	500원
날치알	3,000원
모둠회	1,200원
멍개	2,500원
우렁이	800원
한치알	900원
전복	1마리/3,000원
생선알	100/900원
동태	1마리/1,500원
고니	600원
고등어	1마리/1,500원
숭어	1마리/2,500원
우럭	1마리/2,500원
병어	1마리/900원
갈치	1마리/4,000원
가자미	1마리/1,200원

고기류	중량 100g
오돌뼈	300원
곱창	200원
닭가슴살	700원
족발	1kg/4,000원
훈제오리	900원
생닭	한 마리/4,500
돼지껍데기	200원
돼지목살	900원
닭발	300원
소고기민찌	800원
소불고기	1,300원
오리고기	800원
삼겹살	900원

고기류	중량 100g
우삼겹	1,300원
닭모래집	300원
돼지갈비	1,300원
소갈비	1,700원
등갈비	900원
순대	400원
소고기기름	200원
샤브소고기	1,200원
샤브오리	700원
전지	800원
닭봉	800원
양지머리	1,600원
사태	1,400원
돼지민찌	600원
육회	3,000원
양	100/400원
오소리감투	100/350원
머릿고기	100/300원
허파	100/200원
간	100/200원
삼계닭	1마리/1,800원
돼지등뼈	100/250원
소뼈	100/500원
도가니	100/1,200원
힘줄	100/400원
차돌박이	100/1,000원

밀가루류 및 양념	중량 100g
국수	150원
밀가루	900원
녹말	150원
우동	300원
통깨	800원
참기름	700원
후춧가루	2,000원
정종	400원
된장	150원
고추장	200원
당면	300원
떡볶이떡	200원
오뎅	250원
달걀	1개/150원
소주	300원
수제소시지	900원
올리브오일	1,400원
모짜렐라치즈	900원
나쵸	800원

밀가루류 및 양념	중량 100g
치킨파우더	400원
식용유	200원
우유	180원
소금	250원
흑임자	200원
설탕	120원
설탕시럽	800원
얼음	60원
들깨가루	500원
머스터드	400원
빵가루	200원
마요네즈소스	400원
두부	150원
고추기름	1,000원
커피가루	700원
버터	900원
혼합어묵	300원
부대찌개햄	800원
소시지	120원
베이컨햄	900원
베이키드빈	600원
떡국떡	200원
갈은햄	500원
고춧가루	800원
슬라이스치즈	250원
케찹	200원
가쓰오부시	800원
칼국수면	170원
칠리소스	700원
와사비가루	350원
식초	100원
매실액	900원
사이다	200원
겨자	400원
요리당	170원
찹쌀가루	180원
통후추	1,600원
흰물엿	200원
납작당면	1,200원
와인	700원
들깨가루	600원
만두	400원
김가루	200원
메밀국수	200원
막국수	200원
쫄면	150원
후리가께	200원

밀가루류 및 양념	중량 100g
찹쌀	250원
팥국물	250원
녹두	1,000원

과일류	중량 100g
방울토마토	400원
토마토	300원
파인애플	1통/3,000원
사과	1개/400원
수박	500원
키위	400원
메론	400원
체리	1,000원
바나나	200원
잣	2,500원
건포도	200원
은행	300원
밤	900원
대추	800원
인삼	1뿌리/900원
배	1개/1,500원
땅콩	100/400원
수삼	1뿌리/700원
찹쌀누룽지	900원
황기	1,500원
엄나무	1,000원
검은찹쌀	300원
호두	8,000원
녹각	4,000원
생콩비지	300원

캔류	중량 100g
참치캔	800원
후르츠칵텔	250원
황도캔	1통/1,600원
조림체리캔	600원
파인애플캔	300원
오렌지주스	100원
햄캔	1,000원
번데기캔	800원
사골육수	300원
꽁치캔	1캔/1,700원

외식 창업자를 위한 주방장의

노하우 비법 노트 책의 구성

하나. 대박 식당에 꼭 필요한 각각의 메뉴 60여 가지를 수록하였습니다.

둘. 각각의 메뉴에 어울리는 찬류와 소스 20가지를 수록하였습니다.

셋. 쉽게 공개하지 않는 육수와 각종 양념 / 면류·반죽 만들기 비법 24가지를 수록하였습니다.

I. 스페셜 메뉴편	II. 고기류외편	III. 탕류편	IV. 면류편	V. 안주류 및 각종 소스류편
184쪽 | 28,000원	184쪽 | 26,000원	184쪽 | 26,000원	184쪽 | 26,000원	184쪽 | 26,000원

BM 성안당

주소 121-838 서울시 마포구 양화로 127 첨단빌딩 5층(출판기획 R&D센터) / 413-120 경기도 파주시 문발로 112(제작 및 물류)

전화 02-3142-0036, 031-955-0511 **팩스** 031-955-0510